水平井体积压裂改造技术系列丛书

水平井封隔器滑套分段压裂技术

吴 奇 王 峰 编著

石油工业出版社

内 容 提 要

本书系统介绍了水平井封隔器滑套分段压裂技术,包括套管内封隔器滑套分段压裂和裸眼封隔器滑套分段压裂的技术原理、技术适应性、工艺管柱和关键工具,以及水平井封隔器滑套分段压裂技术现状及国内外发展趋势,并有针对性地结合油田油气开发工作介绍了现场控制方法和具体实例。

本书适合从事油气田开发特别是低渗透油气田开发的技术人员、科研人员、管理人员及高等院校相关专业师生参考。

图书在版编目（CIP）数据

水平井封隔器滑套分段压裂技术／吴奇,王峰编著.
北京:石油工业出版社,2013.4
（水平井体积压裂改造技术系列丛书）
ISBN 978-7-5021-9405-5

Ⅰ.水…
Ⅱ.①吴…②王…
Ⅲ.水平井－封隔器－分层压裂
Ⅳ.① TE243 ② TE931

中国版本图书馆 CIP 数据核字（2012）第 303275 号

出版发行:石油工业出版社
　　　　（北京安定门外安华里 2 区 1 号　100011）
　　　　网　　址:http://petropub.com.cn
　　　　编辑部:(010) 64523738　发行部:(010) 64523620
经　销:全国新华书店
印　刷:北京中石油彩色印刷有限责任公司

2013 年 4 月第 1 版　2013 年 4 月第 1 次印刷
787×1092 毫米　开本:1/16　印张:11.25
字数:260 千字

定价:75.00 元
（如出现印装质量问题,我社发行部负责调换）
版权所有,翻印必究

《水平井体积压裂改造技术系列丛书》
编委会

名誉主任：周吉平

主　　任：赵政璋

副 主 任：吴　奇　　王元基　　马新华　　刘玉章　　张卫国

委　　员：张守良　　丁云宏　　兰中孝　　王　峰　　朱天寿
　　　　　刘　合　　徐永高　　王晓泉　　王振铎　　赵振峰
　　　　　王凤山　　张应安　　陈淑萍　　范文科　　张仲宏
　　　　　段　红　　郑兴范　　杨能宇　　巢　越　　陈　莉
　　　　　章卫兵　　李　中

主　　编：吴　奇

副 主 编：刘玉章　　张守良　　丁云宏　　兰中孝　　朱天寿
　　　　　王　峰　　徐永高　　王晓泉　　王振铎　　王凤山
　　　　　赵振峰　　刘长宇　　杨贤友　　杨振周

《水平井封隔器滑套分段压裂技术》编写组

主　编：吴　奇

副主编：王　峰　张守良　刘长宇　王晓泉

成　员：张应安　王鸿伟　佘国锋　霍春林　许建国
　　　　段永伟　李边生　庞启强　叶勤友　朱玉军
　　　　王翠翠　刘光玉　贾振甲　刘培培　李　燕

序

近年来，水平井及分段压裂改造技术的突破和大规模应用促进了北美页岩气快速发展，美国页岩气产量从 2006 年的 311 亿立方米跨越式增长到 2011 年的 1800 亿立方米，改变了全球天然气供需格局。北美页岩气成功开发的经验表明，水平井分段压裂已经成为非常规油气藏实现有效开发的关键技术，正在引领全球油气资源勘探开发的重大变革。

中国石油近几年新增储量 70% 以上属于低渗透储层，动用难度大，开发效益差。资源劣质化对效益开发油气田的工程技术提出了更高的要求，因此必须从战略的高度引起重视，积极推进水平井体积压裂改造理念，发展水平井分段改造技术。中国石油天然气股份有限公司于 2006 年专门设立了"水平井低渗透改造重大攻关项目"，中国石油勘探与生产公司精心组织"两院三公司"联合攻关和现场规模试验，研发了水平井双封单卡、封隔器滑套、水力喷砂、裸眼封隔器分段压裂四套主体技术以及化学暂堵胶塞分段压裂、转向酸化酸压、裂缝监测、修井四套配套技术和一套压裂裂缝与井网优化设计方法，形成了中国石油水平井改造配套技术体系。已获得授权专利 46 项，攻关成果获得国家科技进步一等奖。截止到 2012 年底，攻关成果在中国石油现场应用已超过 1600 口井，压裂后水平井单井稳定产量是直井的 3 倍以上，有力地推动了水平井在低渗透油气田的工业化应用，已成为中国石油水平井规模应用的增产利器。

为了进一步推动水平井分段压裂技术在低渗透油气藏勘探开发中的规模应用，使"体积压裂"新理念融入到低渗透油气田勘探开发实践中，努力提高单井产量，促进低效难采储量的有效动用，中国石油勘探与生产公司组织参与攻关的技术人员，在 2011 年《水平井压裂酸化改造技术》培训教材的基础上，编写了《水平井体积压裂改造技术系列丛书》。丛书重点突出水平井分段改造的技术原理、工艺设计与现场应用，具有很强的实用性和指导性，是从事油气田开发工程技术人员不可多得的参考书。

周吉平

2013.元.30

前　言

针对中国石油新增探明储量中大部分为低渗透储量、动用难度大、开发效益差的勘探开发现状，中国石油天然气集团公司提出了"转变发展方式"的战略，大力推动水平井的规模应用。为了攻克水平井在低渗透储层应用中的瓶颈问题，中国石油天然气股份有限公司于2006年设立了"水平井低渗透改造重大攻关项目"，组织中国石油勘探开发研究院、中国石油勘探开发研究院廊坊分院、大庆油田有限责任公司、长庆油田分公司、吉林油田分公司进行联合攻关，在水平井分段压裂酸化理论、分段压裂工艺、配套工具技术等方面开展了较为系统的攻关研究。通过技术攻关和工业化试验，取得了水平井分段改造主体工艺技术、配套技术和优化设计方法等一系列成果，获得国家授权专利46项，形成了低渗透油气藏水平井分段改造配套技术体系，现场应用超过1600口井，获得显著经济效益和社会效益，实现了水平井在低渗透油气田的工业化应用。

2011年，在系统总结项目攻关成果基础上，中国石油勘探与生产公司组织项目攻关人员编写了《水平井压裂酸化改造技术》培训教材，推广了以水平井分段压裂为重点的"体积压裂"新理念。为了进一步推动水平井分段压裂技术在低渗透油气藏勘探开发中的规模应用，在2011年培训教材的基础上，中国石油勘探与生产公司组织编写了《水平井体积压裂改造技术系列丛书》。丛书共6册，包括总册《水平井体积压裂改造技术》和《水平井分段压裂优化设计技术》、《水平井双封单卡分段压裂技术》、《水平井水力喷砂分段压裂技术》、《水平井封隔器滑套分段压裂技术》、《水平井分段改造配套技术》5个分册。

《水平井封隔器滑套分段压裂技术》主要介绍了水平井套管内封隔器滑套分段压裂技术和水平井裸眼封隔器滑套分段压裂技术，其中第一章由王鸿伟、任瑞恒编写，第二章由佘国锋、庞启强编写，第三章由叶勤友、霍春林、贾振甲、刘佳编写，第四章由许建国、朱玉军、刘培培编写，第五章由段永伟、王翠翠编写，第六章由李边生、刘光玉、李燕编写。全书由吴奇、王峰、刘长宇、张应安、王鸿伟统稿。

本书由中国石油勘探与生产公司采油采气工艺处具体组织编写。在"体积压裂"理念的确立和实践中，中国石油天然气股份有限公司副总裁赵政璋多次给予指导并亲自推动，有力地促进了"体积压裂"理念和技术的快速发展。在编写过程中，得到了胡文瑞院士和单文文、蒋𪩘、李文阳、王家宏、魏顶民、张士诚、李根生等专家的指导，石油工业出版社对丛书进行了详细的审查与修改，对本书裨益很大，谨向他们表示衷心的感谢。鉴于编者水平有限，加之时间仓促，书中难免有差错与不足，敬请读者提出宝贵意见。

本书编写组
2012 年 7 月

目 录

第一章 绪论 …………………………………………………………………………… 1

第二章 封隔器滑套分段压裂基础理论 ……………………………………………… 3

  第一节 封隔器滑套压裂管柱力学分析 …………………………………………… 3

  第二节 封隔器滑套压裂管柱强度校核 …………………………………………… 42

第三章 封隔器滑套分段压裂管柱及工具 …………………………………………… 53

  第一节 套管内封隔器滑套分段压裂管柱及工具 ………………………………… 53

  第二节 裸眼封隔器滑套分段压裂管柱及工具 …………………………………… 65

  第三节 封隔器滑套通径尺寸设计及节流压差计算 ……………………………… 76

第四章 封隔器滑套分段压裂工艺 …………………………………………………… 80

  第一节 封隔器滑套分段压裂设计 ………………………………………………… 80

  第二节 套管内封隔器滑套分段压裂工艺 ………………………………………… 93

  第三节 裸眼封隔器滑套分段压裂工艺 …………………………………………… 99

第五章 封隔器滑套分段压裂现场控制技术 ………………………………………… 104

  第一节 施工参数控制 ……………………………………………………………… 104

  第二节 质量保障和控制 …………………………………………………………… 117

  第三节 预防及应急措施 …………………………………………………………… 122

  第四节 健康、安全和环境 ………………………………………………………… 128

第六章 现场应用 ……………………………………………………………………… 132

  第一节 实例一：HSP1 井套管固井水平井多段分簇压裂 …………………… 132

  第二节 实例二：HHP2 井封隔器滑套 15 段压裂 …………………………… 137

  第三节 实例三：CSDP9 井水平井裸眼封隔器滑套大规模压裂 …………… 142

  第四节 实例四：SP36 井致密气井水平井裸眼封隔器滑套压裂 …………… 154

  第五节 实例五：HP3 井二开钻井水平井裸眼封隔器滑套压裂 …………… 158

  第六节 实例六：DBGP2 井水平井裸眼封隔器滑套 21 段压裂 …………… 162

参考文献 ……………………………………………………………………………… 168

第一章 绪 论

水平井封隔器滑套分段压裂技术按照技术特点分为针对固井水平井的套管内封隔器滑套分段压裂技术和针对裸眼水平井的裸眼封隔器滑套分段压裂技术。水平井套管内封隔器滑套分段压裂是一种适合低渗透油田油井开发,能实现套管内不动管柱一次完成多段压裂的机械分段压裂工艺技术。该工艺由滑套分段压裂工具总成、安全接头、解卡器和井口投塞器等配套工具构成。具有全过程液压动作、不泄压投球、储层改造针对性强的特点。目前满足最高压裂段数 15 段、耐温 150℃、耐压差 70MPa、$5\frac{1}{2}$in 和 7in 井眼水平井新井投产分段压裂、老井重复压裂技术要求,有效提高了施工作业效率,是一种先进、安全、可靠、高效的水平井分段改造工艺技术。水平井裸眼封隔器滑套分段压裂工艺是新兴发展起来的水平井压裂改造技术,在页岩气、致密油气藏水平井中得到了广泛的现场应用和成功的矿场效果。该工艺主要有遇油膨胀式裸眼封隔器、机械封隔式裸眼封隔器、锚定封隔器、悬挂封隔器等配套工具;目前包括 7in 技术套管悬挂 $4\frac{1}{2}$in 基管完井压裂工具总成、$5\frac{1}{2}$in 技术套管悬挂 $3\frac{1}{2}$in 基管完井压裂工具总成、$5\frac{1}{2}$in 套管完井压裂工具总成等主要完井管柱类型,能够满足最高压裂段数 29 段、耐温 150℃、耐压差 70MPa 裸眼水平井分段压裂要求。自主研发的水平井裸眼分段压裂工具现场试验百余口井,已发展成为水平井分段压裂改造的主体技术之一。

套管内封隔器滑套分段压裂技术发展历程为两个阶段:第一阶段为集中攻关突破阶段,重大技术进展事件有:2006 年 8 月,"低渗透水平井机械分段压裂技术研究"课题通过中国石油天然气股份有限公司开题论证;2007 年 6 月,完成水平井单封双压滑套分压地面耐温、耐压工具实验,并在 LP1 井试验成功;2007 年 7 月,FY 油田 FP64 井完成套内滑套不动管柱 2 段分压试验,分别加砂 24m³ 和 7m³;2007 年 8 月,XM 油田 MP8 井完成不动管柱 3 段分压试验;2007 年 10 月,完成水平井封隔器滑套分压洗井通道、防砂机构和打捞机构等工具的改进,并在 FP32 井成功应用;2008 年 8 月,"水平井分层压裂滑套式封隔器"获国家级实用新型专利;2009 年 11 月,CP12 平台完成 32 口水平井钻井压裂投产任务,累计压裂 87 段;2010 年 2 月,"水平井分段压裂管柱"获国家级实用新型专利;2011 年 3 月,"水平井压裂套管保护封隔器"获国家级实用新型专利;2011 年 7 月,FY 油田 DFP264 井完成套内不动管柱滑套 5 段压裂施工,封隔器坐解封、滑套正常打开;2011 年 12 月,"油田水平井压裂封隔器"获国家级实用新型专利。第二阶段为推广完善和规模应用阶段,重大技术进展事件有:2012 年 2 月,完成套内不动管柱 3 孔球座滑套分压 15 段压裂工艺地面试验,并于 3 月完成 QA 油田黑 H 平 2 井 15 段 36 簇压裂施工,加砂 563m³,注入压裂液 4850m³。裸眼封隔器滑套分段压裂技术发展历程包括:2011 年 2 月,完成悬挂封隔器、压缩式裸眼封隔器、锚定封隔器、回插管及机械可开关滑套等关键工具的研制工作;2011 年 4 月,完成水平井裸眼封隔器滑套 10 段压裂管柱地面整体试验;2011 年 12 月,HG 油田红平 3 井完成 2 开井身结构裸眼封隔器滑套 12 段压裂试验,加砂 723m³,注入压裂液4586m³；2012年2月，QA油田HFP1井水平井3开井身结构裸眼封隔器滑套10段压裂试验成功，加砂697m³，注入压裂液3777m³；2012年7月，CL气田D组致密砂岩气藏CSDP20井完成3500m井身裸眼封隔器滑套10段压裂试验，加砂760m³，注入压裂液5334m³。

  本册从低渗透油藏水平井封隔器滑套分段压裂技术的基础理论入手，介绍了套管内封隔器滑套分段压裂和裸眼封隔器滑套分段压裂的管柱类型、关键工具、主要工艺和现场控制等核心内容。第二章介绍了水平井封隔器滑套分段压裂基础理论，包括压裂管柱入井过程和压裂过程中的力学分析，常温与热应力条件下的管柱强度校核。第三章介绍了封隔器滑套分段压裂管柱及工具，包括套管内封隔器滑套分段压裂和裸眼封隔器滑套分段压裂的典型管柱功能、管柱连接及管柱特点，关键工具的结构及技术指标。第四章介绍了封隔器滑套分段压裂工艺。阐明了水平井封隔器滑套分段压裂工艺的设计方法，包括射孔工艺、封隔器坐封位置及滑套位置的优化。介绍了三种套管内封隔器滑套分段压裂工艺和两种裸眼封隔器滑套分段压裂工艺。第五章介绍了封隔器滑套分段压裂现场控制技术。包括施工参数控制、质量保障和控制、事故预防及应急措施、健康安全和环境保护等内容。第六章介绍了封隔器滑套分段压裂技术典型井的应用实例。

第二章 封隔器滑套分段压裂基础理论

随着水平井技术的发展，完井作业管柱的下入及压裂酸化过程中的强度是一个值得重视的问题。完井作业管柱在下入到弯曲井段以后，由于完井管柱刚度的存在而产生很大的弯矩，加之井眼轨迹是不规则的空间曲线，管柱在下入过程中会与井壁大面积接触，这更增大了管柱与井壁之间的接触压力，使得完井管柱在下入过程中受到较大的摩擦阻力。同时，弯曲作用也可能导致完井作业管柱设计抗挤和抗内压能力降低，使得完井作业管柱在下入和压裂酸化作业中发生强度破坏，导致完井作业事故。另外完井管柱下入井底以后，在进行压裂作业时，完井管柱不仅要受到下入过程中的初始弯曲应力、轴向应力的作用，同时还要承受附加的内、外压力作用和温度应力作用，因此，需分析水平井完井管柱下入过程的受力，校核压裂施工时的强度，以保证管柱顺利下入，不发生强度破坏，为压裂施工提供保障。

第一节 封隔器滑套压裂管柱力学分析

一、封隔器滑套压裂管柱入井过程力学分析

1. 无封隔器完井管柱下入过程力学计算

对于完井管柱下入过程的力学计算，可以将其分为三段分别进行计算，即垂直井段、弯曲井段和水平井段。完井管柱在下入过程中，首先判断完井管柱下端引鞋位置，在引鞋进入弯曲井段以前，按整段完井管柱位于垂直井段进行分析，当引鞋进入弯曲井段以后，由引鞋开始依次向上计算弯曲井段和垂直井段完井管柱摩擦阻力。同理，当引鞋进入水平井段以后，由引鞋开始，依次计算水平井段、弯曲井段和垂直井段完井管柱的摩擦阻力。

1) 水平井段部分力学计算

对处于水平井段的完井管柱，如图 2-1-1(a) 所示，可以认为该部分管柱全贴下井壁，浮重全部由井壁承担，即总正压力 N：

$$N=qL$$

式中 q——单位长度管柱浮重；

L——管柱长度。

则该段管柱摩阻力 F_d（轴力增量 ΔT）为：

$$F_d = \Delta T = fN = fqL \tag{2-1-1}$$

式中 f——摩阻系数。

实际水平井水平段不是绝对水平，井眼方位角变化很小，井斜角可能会大于90°或小于90°，这时可按斜直井眼进行分析，如图 2-1-1（b），总正压力：

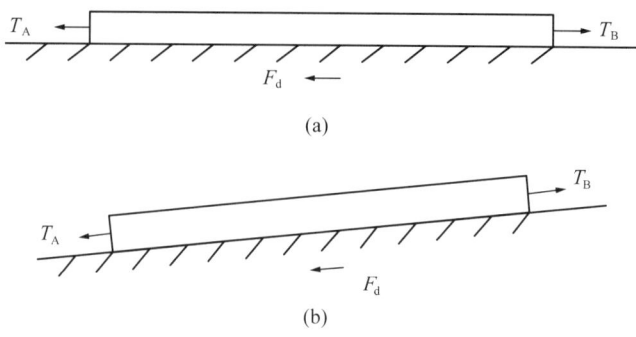

图 2-1-1 水平井段管柱受力分析

$$N=qL\sin\alpha$$

该段管柱摩阻力为:

$$F_d=fN=fqL\sin\alpha \quad (2-1-2)$$

而轴力增量为:

$$\Delta T=F_d-qL\cos\alpha=qL(f\sin\alpha-\cos\alpha) \quad (2-1-3)$$

则轴向载荷为:

$$T_A=T_B-\Delta T \quad (2-1-4)$$

2) 垂直井段部分力学计算

可以认为垂直井段管柱无接触摩阻,而只受浮重作用,这时计算井段管柱摩阻力为零,轴力增量为管柱浮重,即:

$$\Delta T=qL$$

3) 弯曲井段部分力学计算

水平井完井管柱下入过程的力学计算在垂直井段和水平井段(包括斜直井段)都比较容易得到,但在弯曲井眼中,由于管柱自重和井眼弯曲等多种因素的作用,导致弯曲井段的力学计算分析比较复杂。对于造斜率较小(曲率半径较大)的弯曲井段的完井管柱下入过程中力的计算问题,国内外已发表了许多研究成果,其中大多数成果是采用了柔性模型进行分析,这种模型在计算中、长半径水平井时是合理的。但是,对于短半径水平井完井管柱的力学计算,柔性模型已不能适用,在短半径水平井完井过程中管柱的可下入性和力学的分析,必须考虑管柱弯曲所附加的弯曲刚度。

由于水平井完井管柱在弯曲段受力的复杂性,显然,单纯用一种计算模型进行分析不能满足工程需要。为了保证该完井管柱受力计算的精确性,可采用 4 种不同的理论分析模型进行对比分析。4 个理论分析模型分别为:二维刚性模型、三维刚性模型、刚度力模型和二维整体计算模型。可以分别按照以上 4 个模型进行计算,对计算结果做出分析结论。

(1) 二维刚性模型。根据弹性梁的受力平衡方程,推导出弯曲井段管柱单元体力学计算模型,其力学模型与软杆模型的不同之处是管柱单元体的上下端存在弯矩和剪力的作用。

首先引入如下假设：

① 管柱的变形曲线与井眼轴线重合，管柱单元体与井壁连续接触；

② 不考虑井壁变形的影响；

③ 在管柱单元体上，管柱的线密度相同，截面积相同。

如图 2-1-2 所示，在二维弯曲井眼中任取一段管柱单元体，长度为 L_i，管柱上端和下端井斜角分别为 α_i 和 α_{i+1}，则单元体井斜角增量为 $\Delta\alpha = \alpha_{i+1} - \alpha_i$，单元体弯曲曲率半径为：

$$\rho_i = \frac{L_i}{|\Delta\alpha_i|} \quad (2-1-5)$$

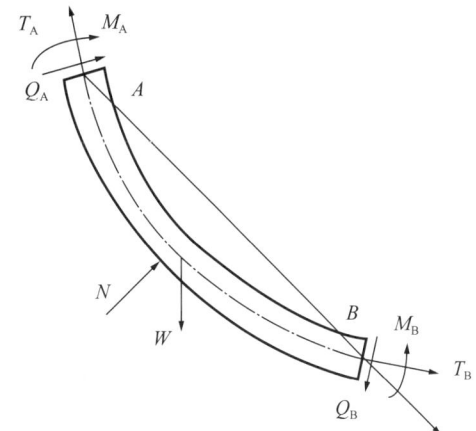

图 2-1-2　完井作业管柱二维刚性模型受力计算示意图

单元体两端的弯矩分别为：

$$M_A = EI_i \frac{\Delta\alpha_i}{L_i} \quad (2-1-6)$$

$$M_B = EI_{i+1} \frac{\Delta\alpha_{i+1}}{L_{i+1}} \quad (2-1-7)$$

摩阻力产生的弯矩为：

$$M_F = \pm \frac{fL_i}{6\rho_i} \left| \pm \frac{T_A + T_B}{2\rho_i} \cos\frac{\Delta\alpha_i}{2} - q\sin\alpha_i \right| \quad (2-1-8)$$

式 (2-1-8) 中 "±" 项，增斜井段取 "+"，降斜井段取 "−"，得到：

$$Q_B - Q_A = \frac{2(M_B - M_A) + \left[(T_B - T_A)\sin\dfrac{\Delta\alpha_i}{2}\right]L_i \pm M_F}{L_i \cos\dfrac{\Delta\alpha_i}{2}} \quad (2-1-9)$$

式 (2-1-9) 中 "±" 项，上提管柱时取 "+"，下放管柱时取 "−"。

考虑到管柱单元体位于降斜井段和上提管柱上提时的情况，推导出二维弯曲井段中管柱单元体上端的轴向力 T_A：

$$T_A = T_B + \frac{(Q_B - Q_A)\sin\dfrac{\Delta\alpha_i}{2} + q\cos\bar{\alpha}_i L_i \pm f|N_i|}{\cos\dfrac{\Delta\alpha_i}{2}} \quad (2-1-10)$$

式 (2-1-10) 中 "±" 项。上提管柱时取 "+"，下放管柱时取 "−"。

接触正压力 N_i：

$$N_i = \left(\pm \frac{T_A + T_B}{2\rho_i} \cos\frac{\Delta\alpha_i}{2} - q\sin\bar{\alpha}_i \right) L_i \quad (2-1-11)$$

式（2-1-11）中"±"项，增斜井段取"+"，降斜井段取"−"。

以上各式中　E——管柱钢的弹性模量，MPa；
　　　　　　I——单元体截面惯性矩，m^4；
　　　　　　q——管柱在钻井液中的浮重，kN；
　　　　　　L——单元体长度，m；
　　　　　　M——单元体两端弯矩，kN·m；
　　　　　　M_F——摩阻力产生的弯矩，kN·m；
　　　　　　N——单元体对井壁压力，kN；
　　　　　　Q——单元体两端剪力，kN；
　　　　　　ρ——单元体弯曲的曲率半径，m；
　　　　　　T——单元体两端的轴力，kN；
　　　　　　α，$\Delta\alpha$，$\bar{\alpha}$——单元体两端井斜角及其增量和平均值，(°)。

在二维模型中，管柱单元体上端的轴向力要受到管柱自重、剪力、弯矩、井眼曲率和摩阻力的影响。

（2）三维刚性模型。在导出二维弯曲井段管柱单元体力学计算模型的基础上，通过近似分析，导出了三维弯曲井段管柱单元体力学计算模型，在三维弯曲井段中，可以将管柱单元体的受力和变形分解到两个平面上来研究，一个是"P"平面即井斜平面，另一个是"R"平面即鲁宾斯基定义的狗腿平面。此时，完井管柱在井斜平面和狗腿平面的弯曲曲率半径分别为：

$$\rho_{Pi} = \frac{L_i}{|\Delta\alpha_i|} \tag{2-1-12}$$

$$\rho_{Ri} = \frac{L_i}{|\beta_i|} \tag{2-1-13}$$

单元体在这两个平面上下端的弯矩分别为：

$$M_{PA} = EI_i \frac{\Delta\alpha_i}{L_i} \tag{2-1-14}$$

$$M_{PB} = EI_{i+1} \frac{\Delta\alpha_{i+1}}{L_{i+1}} \tag{2-1-15}$$

$$M_{RA} = EI_i \frac{\beta_i}{L_i} \tag{2-1-16}$$

$$M_{RB} = EI_{i+1} \frac{\beta_{i+1}}{L_i} \tag{2-1-17}$$

式中　β——对应长度为 L 井眼的狗腿角，β 的计算式如下：

$$\beta_i = \cos^{-1}\left[\cos\alpha_A \cos\alpha_B + \sin\alpha_A \sin\alpha_B \cos(\varphi_B - \varphi_A)\right] \tag{2-1-18}$$

在井斜平面和狗腿平面内摩擦阻力产生的弯矩分别为：

$$M_{\mathrm{PF}} = \pm \frac{fL_i}{6\rho_{\mathrm{P}i}} \left| \pm \frac{T_\mathrm{A}+T_\mathrm{B}}{2\rho_{\mathrm{P}i}} \cos\frac{\beta_i}{2} \cos\frac{\Delta\alpha_i}{2} - q\sin\bar{\alpha}_i \right| \qquad (2\text{-}1\text{-}19)$$

$$M_{\mathrm{RF}} = \pm \frac{fL_i}{6\rho_{\mathrm{R}i}} \left| \pm \frac{T_\mathrm{A}+T_\mathrm{B}}{2\rho_{\mathrm{R}i}} \cos\frac{\beta_i}{2} \cos\frac{\Delta\alpha_i}{2} - q\sin\bar{\alpha}_i \cos\theta \right| \qquad (2\text{-}1\text{-}20)$$

$$Q_{\mathrm{PB}} - Q_{\mathrm{PA}} = \frac{2(M_{\mathrm{PB}} - M_{\mathrm{PA}}) + \left[(T_\mathrm{A}-T_\mathrm{B})\cos\dfrac{\Delta\alpha_i}{2}\sin\dfrac{\beta_i}{2}\right]L_i \pm M_{\mathrm{PF}}}{L_i \cos\dfrac{\Delta\alpha_i}{2}} \qquad (2\text{-}1\text{-}21)$$

$$Q_{\mathrm{RB}} - Q_{\mathrm{RA}} = \frac{2(M_{\mathrm{RB}} - M_{\mathrm{RA}}) + \left[(T_\mathrm{B}-T_\mathrm{A})\cos\dfrac{\Delta\alpha_i}{2}\sin\dfrac{\beta_i}{2}\right]L_i \pm M_{\mathrm{RF}}}{L_i \cos\dfrac{\Delta\beta_i}{2}} \qquad (2\text{-}1\text{-}22)$$

以上各式中 f——摩阻系数，无量纲；

ρ——单元体弯曲的曲率半径，m；

L——单元体长度，m；

T——单元体两端的轴力，kN；

Q——单元体两端剪力，kN；

M——单元体两端弯矩，kN·m；

α——单元体两端井斜，(°)；

φ——单元体两端方位角，(°)；

β——单元体两端狗腿角，(°)；

θ——井斜平面与狗腿平面的夹角，(°)。

式（2-1-19）至（2-1-22）中"±"项，上提管柱时取"+"，下放管柱时取"-"；下标"P"表示井斜平面参数，"R"表示狗腿平面参数。

利用前面计算结果得到井斜平面和狗腿平面的接触正压力为：

$$N_{\mathrm{P}i} = \left(\pm \frac{T_\mathrm{A}+T_\mathrm{B}}{2\rho_{\mathrm{P}i}} \cos\frac{\beta_i}{2} \cos\frac{\Delta\alpha_i}{2} - q\sin\bar{\alpha}_i \right) L_i \qquad (2\text{-}1\text{-}23)$$

$$N_{\mathrm{R}i} = \left(\frac{T_\mathrm{A}+T_\mathrm{B}}{2\rho_{\mathrm{R}i}} \cos\frac{\Delta\alpha_i}{2} \cos\frac{\beta_i}{2} - q\sin\bar{\alpha}_i \cos\theta \right) L_i \qquad (2\text{-}1\text{-}24)$$

式（2-1-23）、式（2-1-24）中"±"项，增斜井段取"+"，降斜井段取"-"。

这样，完井管柱在弯曲井眼中的接触正压力为：

$$N_i = \sqrt{N_{\mathrm{P}i}^2 + N_{\mathrm{R}i}^2 + 2N_{\mathrm{P}i}N_{\mathrm{R}i}\cos\theta} \qquad (2\text{-}1\text{-}25)$$

式中 θ——井斜平面与狗腿平面的夹角，θ 的计算式如下：

$$\theta = \cos^{-1}\frac{\boldsymbol{n}_\mathrm{R} \cdot \boldsymbol{n}_\mathrm{P}}{|\boldsymbol{n}_\mathrm{R}| \cdot |\boldsymbol{n}_\mathrm{P}|} \qquad (2\text{-}1\text{-}26)$$

式（2-1-26）中 $\boldsymbol{n}_P$ 与 $\boldsymbol{n}_R$ 分别为井斜平面和狗腿平面的法线向量，这样：

$$\cos\theta = \frac{X_B X_A + Y_B Y_A + Z_B Z_A}{\sqrt{X_A^2 + Y_A^2 + Z_A^2}\sqrt{X_B^2 + Y_B^2 + Z_B^2}} \tag{2-1-27}$$

其中：

$$\begin{cases} X_A = \sin\alpha_A \sin\varphi_A \cos\alpha_B - \sin\alpha_B \sin\varphi_B \cos\alpha_A \\ Y_A = \sin\alpha_B \cos\varphi_B \cos\alpha_A - \sin\alpha_A \cos\varphi_A \cos\alpha_A \\ Z_A = \sin\alpha_A \cos\varphi_A \sin\alpha_B \sin\varphi_B - \sin\alpha_A \sin\varphi_A \sin\alpha_B \cos\alpha_B \end{cases}$$

$$\begin{cases} X_B = L_i \cdot \sin\frac{1}{2}(\alpha_A + \alpha_B) \cdot \cos\frac{1}{2}(\varphi_A + \varphi_B) \\ Y_B = L_i \cdot \sin\frac{1}{2}(\alpha_A + \alpha_B) \cdot \sin\frac{1}{2}(\varphi_A + \varphi_B) \\ Z_A = L_i \cdot \cos\frac{1}{2}(\alpha_A + \alpha_B) \end{cases}$$

通过对管柱单元体受力和变形的分解，可以推出管柱单元体上端轴向力 T_A 的计算模型为：

$$T_A = T_B + \frac{(Q_{PB} - Q_{PA})\sin\frac{\Delta\alpha_i}{2} + (Q_{RB} - Q_{RA})\sin\frac{\beta_i}{2} + q\cos\alpha_i L_i \pm f|N_i|}{\cos\frac{\beta_i}{2}\cos\frac{\Delta\alpha_i}{2}} \tag{2-1-28}$$

从推导的结果可以看到，无论是二维井段还是三维井段的计算模型，轴向力 T_A 的计算式是一个超越方程，需用数值计算方法求解。求解时从引鞋或钻头处开始，依次取管柱单元体计算直至井口，即可求得井中管柱各点的轴向力和井口拉力。

（3）刚度力模型。对于短半径水平井，由于造斜段曲率半径的减小，完井管柱的刚性成为不可忽略的因素，这样在实钻井眼中的力学计算可由下面两方面分析叠加而得到。

① 首先考虑管柱为一理想柔性体，即不考虑管柱的刚度效应，其力学计算可由下文中柔性体的一组平衡方程得到；

② 视管柱结构为一弹性柱体，在弯曲井眼中的管柱可视为一抗弯刚度为 EI 的弹簧，该弹簧将对井壁产生附加压力，可称为"刚度力"，在井眼曲率半径较小时，该刚度力将产生较大的摩阻力。

下面分别对这两方面进行讨论。当不考虑管柱的刚度效应时，在弯曲井眼中的管柱采用软杆模型进行分析。

如图 2-1-3 所示，A 和 B 为相邻两测点，其井斜角和方位角分别为 α_A、φ_A 和

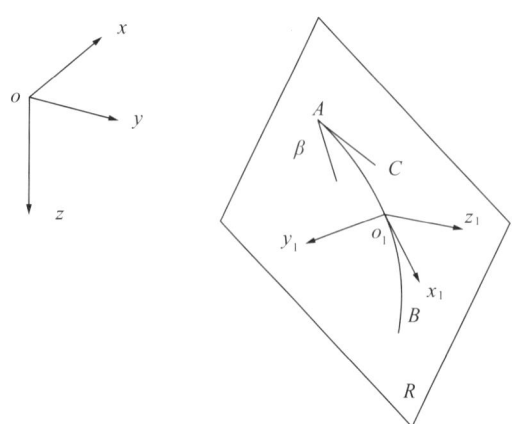

图 2-1-3 完井作业管柱刚度力模型受力计算示意图

α_B、φ_B，设 o_1 为弧 AB 的中点，o_1x_1 为弧 AB 的切线方向，o_1y_1 为弧 AB 的主法线方向，$o_1x_1y_1z_1$ 组成右手坐标系，取 $oxyz$ 为固定坐标系，ox 指向正北方，oz 垂直于地面方向向下，根据几何关系，可直接求出 o_1x_1、o_1y_1 和 o_1z_1 轴与 oz 轴的方向余弦 r_1、r_2 和 r_3：

$$r_1 = \frac{\cos\alpha_A + \cos\alpha_B}{\sqrt{2[1+\cos\alpha_A\cos\alpha_B + \sin\alpha_A\sin\alpha_B\cos(\varphi_B-\varphi_A)]}} \quad (2-1-29)$$

$$r_1 = \frac{\cos\alpha_A - \cos\alpha_B}{\sqrt{2[1-\cos\alpha_A\cos\alpha_B - \sin\alpha_A\sin\alpha_B\cos(\varphi_B-\varphi_A)]}} \quad (2-1-30)$$

$$r_3 = \sqrt{1-r_1^2-r_2^2} \quad (2-1-31)$$

在水平井的造斜段，根据相邻两测点间井眼轨迹数据，作用在管柱上的分布载荷可近似简化到该段管柱的中点进行计算，完井管柱在下入过程中由于管柱的自重和两端压力，弯曲井眼中的管柱将与井眼外壁相接触，如图 2-1-4 所示，在狗腿平面接触压力表达式为：

$$N_y = 2T_B\sin\frac{\beta}{2} + W\Delta L\left(1-\frac{\rho_m}{\rho_s}\right)r_2 \quad (2-1-32)$$

式中　ΔL——AB 段管柱长度，m；
　　　W——单位长度管柱在空气中所受的重力，kN/m；
　　　ρ_m——井眼液体密度，kg/m³；
　　　ρ_s——管柱材料的密度，kg/m³；
　　　β——AB 段管柱（井眼）对应的圆心角（即狗腿角），由鲁宾斯基公式得到：

$$\beta = \cos^{-1}\left[\cos\alpha_A\cos\alpha_B + \sin\alpha_A\sin\alpha_B\cos(\varphi_B-\varphi_A)\right] \quad (2-1-33)$$

同时，在 o_1z_1 方向管柱与井壁的接触压力只是管柱浮重在这个方向的分力，其大小为：

$$N_z = W\Delta L\left(1-\frac{\rho_m}{\rho_s}\right)r_3 \quad (2-1-34)$$

对于钻柱的刚度引起的附加摩阻力，管柱在弯曲井眼内由于刚性原因要保持直线状态，而弯曲井眼限制其不能保持直线状态，在管柱与井壁之间就产生了附加刚性正压力。采用加权残值法，分析得到弯曲井眼中管柱的刚度力与井眼曲率的关系：

$$p = \frac{6EI}{\pi\rho^3}\left[1+\frac{2(1+\sin^2 0.5\alpha_0)}{(1-0.25\sin^2 0.5\alpha_0)^{3.5}}\right] \quad (2-1-35)$$

式中　E——管柱钢的弹性模量，MPa；
　　　I——单元体截面惯性矩，m⁴；
　　　α_0——弯曲井段井两端斜角差值，(°)。

当 $\alpha_0 = \pi/2$ 时，即在 0°~90°井眼内管柱的刚度力为：

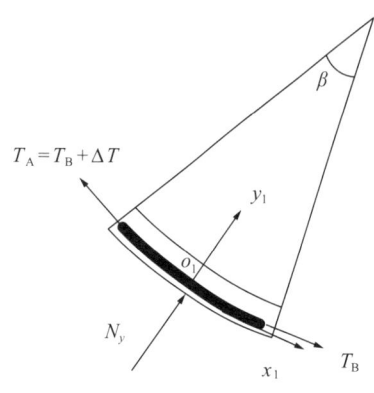

图 2-1-4 完井作业管柱在狗腿平面受力计算示意图

$$p = 11.053 \frac{EI}{\rho^3} \quad (2-1-36)$$

式中 p——单位长度管柱刚度效应作用于井壁的附加压力，kN；

ρ——管柱曲率半径，m。

由式（2-1-36）可知 p 与管柱抗弯刚度 EI 成正比，与曲率半径 ρ 三次方成反比。

由于管柱弯曲产生的刚度效应作用在狗腿平面，狗腿平面接触压力表达式应修正为：

$$N_y = 2T_B \sin\frac{\beta}{2} + W\Delta L \left(1 - \frac{\rho_m}{\rho_s}\right) r_2 + p\Delta L \quad (2-1-37)$$

这样，管柱轴向力增量 ΔT 等于：

$$\Delta T = W\Delta L \cdot r^1 - f\sqrt{N_y^2 + N_z^2} \quad (2-1-38)$$

下入摩阻力为：

$$F_d = f\sqrt{N_y^2 + N_z^2} \quad (2-1-39)$$

根据测斜数据以及引鞋上所受压力的边界条件，即可由引鞋开始自下而上逐段累加求出管柱的轴向力和下入摩阻力。

（4）二维整体计算模型。二维整体计算模型假设井身处在同一铅垂平面内，井眼曲线可以弯曲，但其挠率恒为零，对二维井眼中的管柱受力分析，也只限于二维平面内。如图 2-1-5 所示。

在造斜井段，取管柱微元 Δs，如图 2-1-5 所示，N 表示管柱对井壁的正压力分布；T 表示管柱的轴向力，以拉力为正；f_d 表示管柱单位长度所受到的摩擦阻力；ρ 表示井眼曲率半径；β 表示管柱在造斜井段中任一点的位置参量，它与井斜角 α 互余；即：$\beta = \pi/2 - \alpha$；β_0 和 β_2 分别表示造斜井段的首端和末端的位置角；β_1 表示管柱从接触下井壁过渡到接触上井壁的临界点位置角。

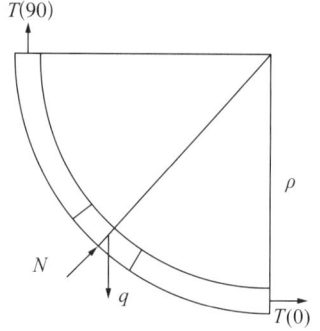

图 2-1-5 完井作业管柱二维整体模型受力计算示意图

在分析中，采用如下假设：

①井眼的造斜率为常数。

②管柱曲率和井眼曲率一样。

③微元上的剪力和其他力相比可忽略不计。

④管柱在造斜井段下放时的受力模型，如图 2-1-5 所示，由微元受力平衡条件，可得：

在周向：

$$-\left(T_{\mathrm{c}}+\Delta T_{\mathrm{c}}\right)\cos\frac{\Delta\beta}{2}+T_{\mathrm{c}}\cos\frac{\Delta\beta}{2}+f_{\mathrm{d}}\rho\Delta\beta-q\rho\Delta\beta\sin\left(\beta+\frac{\Delta\beta}{2}\right)=0 \quad (2-1-40)$$

在法向：

$$-\left(T_{\mathrm{c}}+\Delta T_{\mathrm{c}}\right)\sin\frac{\Delta\beta}{2}-T_{\mathrm{c}}\sin\frac{\Delta\beta}{2}+N\rho\Delta\beta-q\rho\Delta\beta\cos\left(\beta+\frac{\Delta\beta}{2}\right)=0 \quad (2-1-41)$$

其中：

$$f_{\mathrm{d}}=f|N|=\pm fN$$

对式（2-1-40）进行化简，并令 $\Delta\beta \to 0$，则有：

$$-\frac{\Delta T_{\mathrm{c}}}{\Delta\beta}\cos\frac{\Delta\beta}{2}+f|N|\rho-q\rho\sin\left(\beta+\frac{\Delta\beta}{2}\right)=0 \quad (2-1-42)$$

$$\frac{\mathrm{d}T_{\mathrm{c}}}{\mathrm{d}\beta}=f|N|\rho-q\rho\sin\beta \quad (2-1-43)$$

对式（2-1-41）进行化简，并令 $\Delta\beta \to 0$，则有：

$$-T_{\mathrm{c}}\frac{\sin\frac{\Delta\beta}{2}}{\frac{\Delta\beta}{2}}-\frac{\Delta T_{\mathrm{c}}}{\Delta\beta}\sin\frac{\Delta\beta}{2}+N\cdot\rho-q\rho\cos\left(\beta+\frac{\Delta\beta}{2}\right)=0 \quad (2-1-44)$$

$$T_{\mathrm{c}}=N\cdot\rho-q\rho\cos\beta \quad (2-1-45)$$

由式（2-1-45）整理可得：

$$N=q\cos\beta+\frac{T_{\mathrm{c}}(\beta)}{\rho} \quad (2-1-46)$$

在式（2-1-43）和式（2-1-45）中消去 N，并考虑到 N 的正负，则有：

$$\frac{\mathrm{d}T}{D\beta}-fT_{\mathrm{c}}=-q\rho(\sin\beta-f\cos\beta) \quad (N\geqslant 0) \quad (2-1-47)$$

$$\frac{\mathrm{d}T}{D\beta}+fT_{\mathrm{c}}=-q\rho(\sin\beta+f\cos\beta) \quad (N\leqslant 0) \quad (2-1-48)$$

根据常微分方程理论，可求得：

$$T_{\mathrm{c}}=C\mathrm{e}^{f\beta}+A\sin\beta-B\cos\beta \quad (2-1-49)$$

其中：

$$A=\frac{2f}{1+f}q\rho$$

$$B=\frac{1-f^2}{1+f^2}q\rho$$

管柱在下入过程中，由于重力作用与下井壁接触，即 $N \geqslant 0$，可得轴力计算公式：

$$C = \left[T_c(\beta_0) - A\sin\beta_0 + B\cos\beta_0\right]e^{-f\beta_0} \quad (2-1-50)$$

$$T_c(\beta) = \left[T_c(\beta_0) - A\sin\beta_0 + B\cos\beta_0\right] \cdot e^{f(\beta-\beta_0)} + A\sin\beta - B\cos\beta \quad (2-1-51)$$

为了计算摩阻力，先在式（2—1—51）中忽略摩擦因素的影响，并对忽略后拉力 T_c^* 求导有：

$$dT_c^* = -q\rho\sin\beta d\beta \quad (2-1-52)$$

对上式从 β_0 到 β 积分，可得：

$$\int_{\beta_0}^{\beta} dT_c^* = \int_{\beta_0}^{\beta} -q\rho\sin\beta d\beta \quad (2-1-53)$$

$$T_c^*(\beta) - T_c^*(\beta_0) = q\rho(\cos\beta - \cos\beta_0) \quad (2-1-54)$$

再把全井段的摩擦阻力考虑进去，则有：

$$T_c(\beta) = T_c(\beta_0) + F_d + q\rho(\cos\beta - \cos\beta_0) \quad (2-1-55)$$

这样，摩擦阻力 F_d 的表达式为：

$$F_d(\beta) = T_c(\beta) - T_c(\beta_0) - q\rho(\cos\beta - \cos\beta_0) \quad (2-1-56)$$

2. 带封隔器完井管柱下入过程力学计算

1）带封隔器完井管柱静态轴向拉力计算

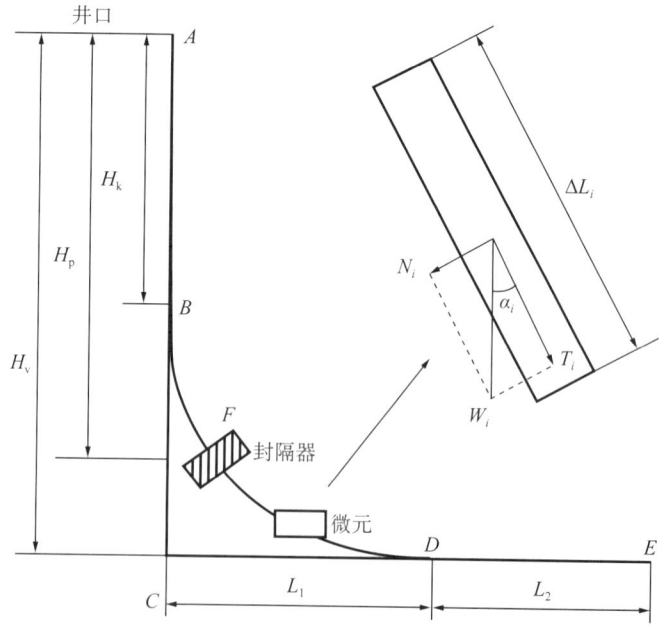

图 2—1—6 水平井压裂管柱下入轨迹垂直剖面图

如图 2-1-6 所示为水平井压裂管柱下入轨迹垂直剖面图，H_k 为造斜点深，H_v 为垂深，入靶点处水平位移为 L_1，靶体 DE 段长度为 L_2，整个井眼斜深为 L，则：

$$W = Lq_s \tag{2-1-57}$$

$$T_h = W_s \tag{2-1-58}$$

式中　T_h——井口拉力，kN；
　　　q_s——管柱段重，kN/m；
　　　W_s——整个管柱在空气中所受重力，kN。

如果按最大拉力计算，可用式（2-1-58）计算井口拉力，除以抗拉安全系数后，再选择满足抗拉强度要求的管柱，这样设计过于偏保守。实际水平井中，管柱在水平段产生的垂向拉力为零，造斜段产生的垂向拉力也小于造斜段管柱的总重量。造斜段上任意取一微小段 ΔL_i，其重量为 W_i，则沿轨迹线的轴向拉力为 T_i，与井壁法向正压力为 N_i，井斜角为 α_i，图 2-1-7 为其力学模型。

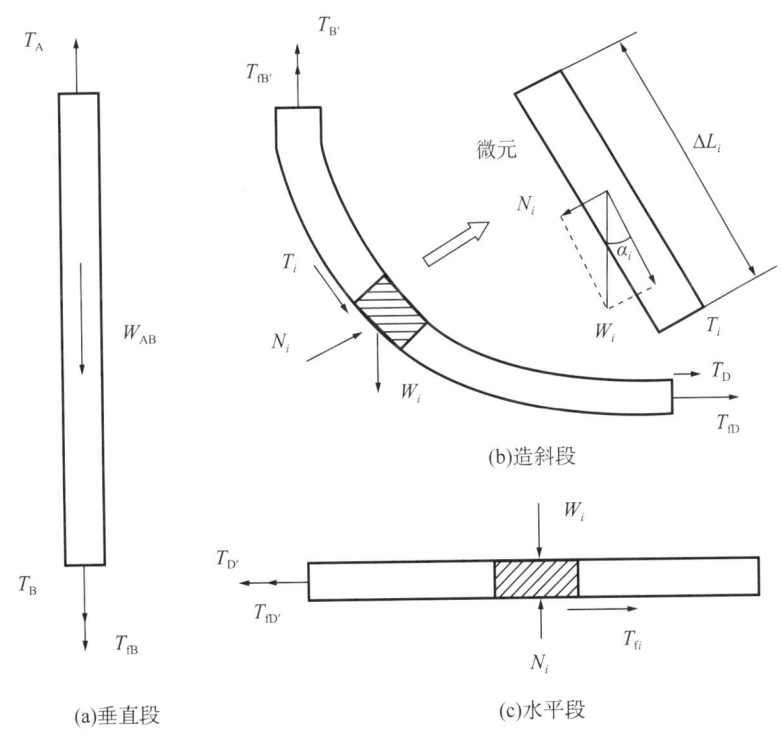

图 2-1-7　水平井压裂管柱力学模型图

由图 2-1-7 可知：

$$T_i = W_i \cos\alpha_i \tag{2-1-59}$$

$$N_i = W_i \sin\alpha_i \tag{2-1-60}$$

则：

$$T_B = \sum_{i=1}^{n} W_i \cos\alpha_i = \int_{BDE} q_s \cos\alpha_i = \int_{BDE} q_s \cos\alpha_i \, dl \tag{2-1-61}$$

$$T_{A} = q_{s}H_{k} + T_{B} = q_{s}\left(H_{k} + \int_{BDE} \cos\alpha_{i} dl\right) \quad (2-1-62)$$

式中 T_B——B 点管柱的轴向拉力,kN;

T_A——井口 A 点管柱在空气中的实际拉力,kN;

BDE——造斜段。

实际水平井管柱柱抗拉强度设计,按式(2-1-62)设计比按式(2-1-58)设计更经济、更合理。如果井眼中流体不是空气,而是液体,这样式(2-1-62)中 T_A 还要扣除浮力,但为安全考虑,管柱还是按空气重量设计。

2)带封隔器完井管柱动态附加力计算

(1)管柱与套管壁摩擦力引起的附加力。水平井压裂管柱在井眼中活动时,将产生动态附加拉力,当管柱中不存在流体时,动态附加拉力由造斜段和水平段管柱与套管壁(或裸眼段)间的摩擦力构成,其摩擦系数用 f_k 表示,则任意段所产生的摩擦力方向为管柱轴向方向,其大小为:

$$T_{fi} = N_i f_k = f_k W_i \sin\alpha_i \quad (2-1-63)$$

当管柱上提或下放时,最大累计摩擦力发生在造斜点附近,其计算式为:

$$T_{fB} = \sum_{i=1}^{n} T_{fi} = \sum_{i=1}^{n} N_i W_i \sin\alpha_i \quad (2-1-64)$$

即:

$$T_{fB} = f_k q_s \int_{BDE} \sin\alpha_i dl \quad (2-1-65)$$

式中 f_k——管柱与套管壁之间的摩擦系数,无量纲;

W_i——第 i 段微元管柱所受重力,kN;

T_{fi}——第 i 段微元 ΔL_i 管柱上沿轨迹线的轴向拉力,kN;

N_i——第 i 段微元 ΔL_i 管柱外壁与套管壁法向正力,kN;

α_i——第 i 段微元 ΔL_i 管柱井斜角,(°)。

式(2-1-65)为管柱上提或下放时的附加动态拉力,当管柱上提时,T_{fB} 是拉伸力($+T_{fB}$),当管柱下放时,T_{fB} 对管柱是压缩力($-T_{fB}$)。

(2)井筒流体引起的附加力。当管柱中存在流体时,管柱上提或下放时流体相对管柱流动将在管壁产生摩阻力,上提和下放过程中,摩阻力的方向刚好相反,由于井筒流体的流变性通常通用宾汉流体的流变性公式,其雷诺数(Re_B)的计算式为:

$$Re_{B} = \frac{D_{uo}}{\eta + \dfrac{\tau_0 D}{6\nu}} \quad (2-1-66)$$

式中,静切应力 $\tau_0 \neq 0$(如图2-1-8所示)。如果是水,则 $\tau_0=0$;由于是压裂液,此时式(2-1-66)变为牛顿流体的计算公式,即:

$$Re_{B} = \frac{D_{uo}}{\eta}$$

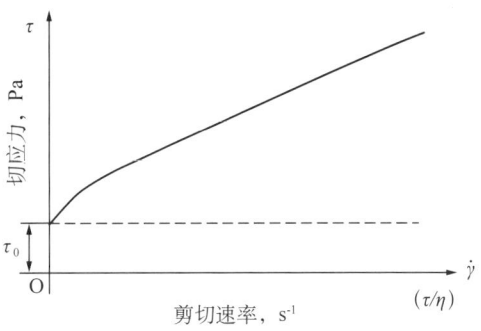

图 2-1-8　井筒流体流变曲线关系图

当 $Re_B < 2000$ 时，流体流动属于层流，则水头损失 h_f 为：

$$h_f = \lambda \frac{L}{D}\frac{v^2}{2g} = \frac{64}{Re_B}\frac{L}{D}\frac{v^2}{2g} \tag{2-1-67}$$

当 $Re_B > 2000$ 时，流体流动属于紊流，则水头损失 h_f 为：

$$h_f = \frac{0.125}{6\sqrt{Re_B}}\frac{L}{D}\frac{v^2}{2g} \tag{2-1-68}$$

管柱中流体沿程压降损失 Δp 为：

$$\Delta p = \gamma h_f = \rho g h_f \tag{2-1-69}$$

管壁上的切应力 τ_w 如图 2-1-9 所示。

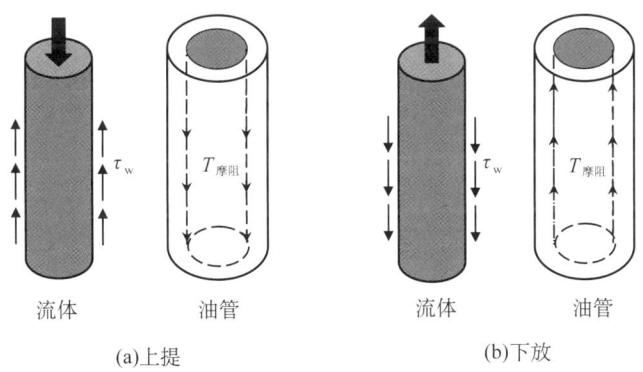

(a) 上提　　　　　　(b) 下放

图 2-1-9　上提、下放过程中管柱壁面上摩阻力力学模型

则：

$$\tau_w = \frac{\Delta p D}{4L} \tag{2-1-70}$$

$$T_{摩阻} = \tau_w (L\pi D) = \frac{\pi D^2 \Delta p}{4} \tag{2-1-71}$$

式（2-1-71）中，上提管柱时取"+"号，其摩阻力 $T_{摩阻}$ 是拉伸力（$+T_{摩阻}$）；下放时取"-"号，其摩阻力 T 是拉伸力（$+T_{摩阻}$）。

以上各式中　Δp——管柱中流体沿程压降损失，MPa；

　　　　　　$T_{摩阻}$——整个管柱内由流体产生的附加动态摩阻力，kN；

　　　　　　τ_w——管壁上的切应力，MPa；

　　　　　　h_f——水头损失，m；

　　　　　　D——管柱直径，mm；

　　　　　　v——流体流速，m/s；

　　　　　　τ_0——静切应力，MPa；

　　　　　　η——黏度，mPa·s；

　　　　　　ρ——流体密度，kg/m³；

　　　　　　Re_B——为宾汉流体雷诺数，无量纲。

（3）曲率半径产生的轴向附加力。根据材料力学可知，由曲率半径（R）引起的弯曲应力（σ_T）为：

$$\sigma_T = \frac{D_o E_x}{2R} \qquad (2-1-72)$$

则由弯曲应力所产生的附加拉力 F_T 为：

$$F_T = A_s \sigma_T = \frac{D_o E_x A_s}{2R} \qquad (2-1-73)$$

式中　A_s——管柱横截面积，m²；

　　　D_o——管柱外径，m；

　　　E_x——管柱材料弹性模量，2.07×10^5 MPa；

　　　R——曲率半径，m。

3）井口综合轴向拉力计算

（1）封隔器在直井段。若造斜段和水平段在封隔器下面产生的综合轴向拉力为 T_1，管柱的基本效应计算就可以按垂直井管柱基本效应的计算方法进行，只是最后在封隔器处 E 点补加由综合轴向力 T_1 对管柱在封隔器处产生的轴向变形 ΔL_{T1}，这个综合力主要包括造斜段和水平段管柱引起的轴向拉力、提升管柱产生的轴向摩擦力、注入流体所产生的流体摩阻力以及曲率半径产生的弯曲拉力。即：

$$T_1 = T_B \pm T_{fB} \pm T_{摩阻} + F_T \qquad (2-1-74)$$

式中　T_B——B 点管柱的轴向拉力，kN；

　　　T_{fB}——最大累计摩擦力，kN；

　　　$T_{摩阻}$——摩阻力，kN；

　　　F_T——曲率半径引起的附加拉力，kN。

（2）封隔器在造斜段和水平段。封隔器在造斜段和水平段时（水平段为造斜段的特殊情况）：

$$T_F = \sum_{i=1}^{n} W_i \cos\alpha_i = \int_{BDE} q_s \cos\alpha_i \, \mathrm{d}l \qquad (2-1-75)$$

式中　T_F——封隔器处管柱的轴向拉力。

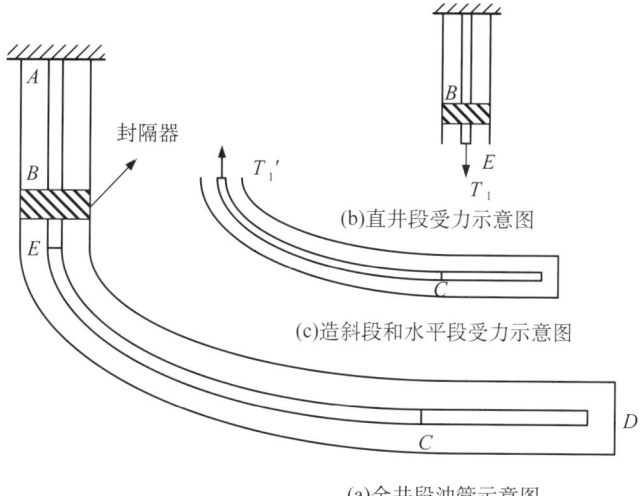

图 2-1-10 水平井管柱与封隔器位置示意图

因此井口管柱的实际拉力为：

$$T_A = q_s H_k + \int_{BDE} q_s \cos\alpha_i \mathrm{d}l + \int q_s \cos\alpha_i \mathrm{d}l \tag{2-1-76}$$

在造斜段和水平段封隔器处管柱内的液柱压力和管柱外的液柱压力用封隔器处垂深来计算，而不能用斜深。其余附加力的计算与封隔器在直井段计算方法相同。

4）封隔器坐封后管柱内的受力分析

（1）封隔器坐封后套管的受力状态。

先不考虑套管外壁所受的压力（此压力在后面给予考虑），并将卡瓦牙面与套管内壁接触面积上的径向力 q 看成是均匀分布的，如图 2-1-11 所示，则有：

$$q = W / \left[2nlr \tan(\alpha + \theta) \sin\theta_k \right] \tag{2-1-77}$$

式中 q——单位卡瓦牙面与套管内壁接触的径向力，N/m²；

θ_k——卡瓦牙面的半角，(°)；

l——卡瓦牙面的轴向长度，m；

r——套管内半径，m；

n——卡瓦片数；

α——卡瓦楔角，(°)；

W——卡瓦式封隔器的坐标载荷，kN。

（2）静力等效。

①等效方法。为了计算环向受等间距分散载荷作用的圆柱壳应力分布，可以将圆柱壳等效地分成两个等效结构，一个是等效圆环（从圆柱壳上切出的一片宽度为 l 的圆环）受等间距等效分散载荷作用（等效结构 b）；另一个等效圆柱壳受等效环向分布载荷作用（等效结构 c），建立如图 2-1-12 所示等效结构的条件是：a. 等效结构厚度与原结构的厚度相同；b. 两部分等效载荷的合力等于原载荷；c. 等效圆环的径向位移等于原结构径向位移；

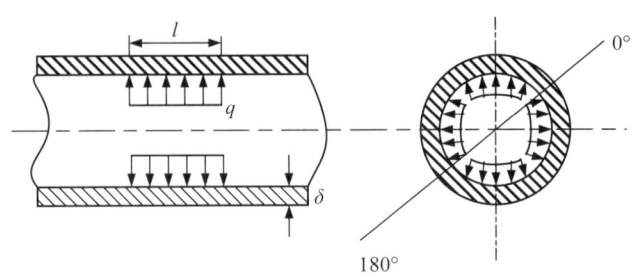

图 2-1-11　封隔器坐封后套管受力分析

d. 等效圆柱壳在其等效载荷作用下所产生的轴向弯矩与原载荷作用在原壳体上所产生的轴向弯矩相等。如图 2-1-12 所示。

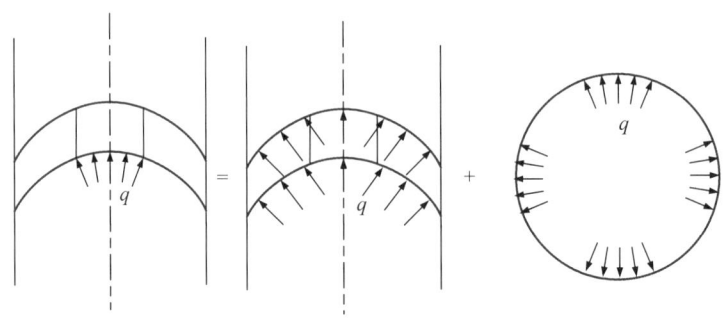

图 2-1-12　等效结构 I

对于等效结构 b 和等效结构 c 再按现有的解法求解，这些解都有现成的公式直接查出。

② 等效条件。综上所述，建立等效结构的方法是将受等间距分散载荷作用的圆柱壳，分解成一个等级受凝聚分散载荷作用的圆柱和一个受均匀分散载荷的圆柱壳。各自所受的载荷称为等效载荷。

③ 等效载荷的计算。在如图 2-1-12 的等效结构中，q 为原载荷 [可直接从式（2-1-77）求出]，p_1 和 q' 为等效载荷。再做如图 2-1-13 所示静力等效。

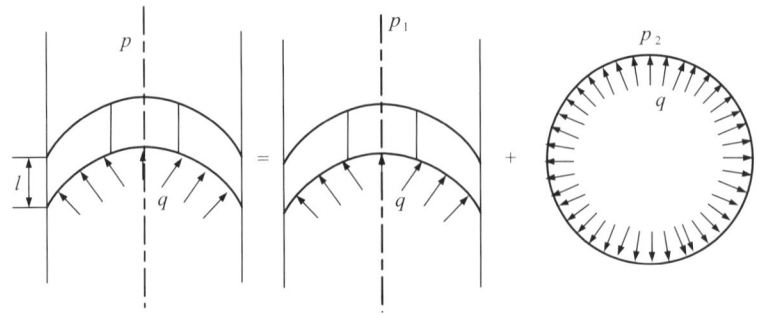

图 2-1-13　等效结构 II

其中：

$$p = n\theta_k q / \pi \quad (2-1-78)$$

$$p_2 = n\theta_k q'/\pi \qquad (2-1-79)$$

根据等效条件得：

$$p = p_1 + p_2 \quad （条件②）$$

$$u = u_2 \quad （条件③）$$

$$M_z = M_{z1} \quad （条件①）$$

$$M_{z1} = \left[p_1/(2\lambda^2)\right]\exp(-\lambda l/2)\sin(\lambda l/2)$$

$$u = \left[p/(4D\lambda^4)\right]\left[1-\exp(-\lambda l/2)\cos(\lambda l/2)\right]$$

$$D = E\delta^3/\left[12(1-V^2)\right]$$

$$\lambda = \left[3(1-V^2)/(R^2\delta^2)\right]^{1/4}$$

$$u_2 = p_2 R^2/(E\delta)$$

上述几个式子结合可以推导出：

$$(p/4D\lambda^4)\left[1-\exp(-\lambda l/2)\cos(\lambda l/2)\right] = p_2 R^2/(E\delta) \qquad (2-1-80)$$

整理上述式子得：

$$p_2 = \left[1-\exp(-\lambda l/2)\cos(\lambda l/2)\right]p$$

令：

$$\beta = 1-\exp(-\lambda l/2)\cos(\lambda l/2) \qquad (2-1-81)$$

则：

$$p_2 = \beta p \qquad (2-1-82)$$

$$q' = \beta q$$

$$p_1 = (1-\beta)p$$

整理上述公式得到：

$$p_1 = (1-\beta)\theta_k W/\left[2\pi lr\tan(\alpha+\phi)\sin\theta_k\right] \qquad (2-1-83)$$

所以：

$$M_z = W\alpha_k \exp(-\lambda l/2)\sin(\lambda l)/\left[8\lambda\pi lr\tan(\alpha+\phi)\sin\theta_k\right] \qquad (2-1-84)$$

（3）封隔器坐封后套管的受力计算。

根据上述的推导过程，得到环向应力的公式为：

$$\sigma_0 = \frac{\beta K_1 W}{A}\left[K_2 K_3 + \frac{\cos\theta}{2\sin(\pi/n)}\right] \quad (2-1-85)$$

$$K_1 = 2\pi R/\left[nl\tan(\alpha+\phi)\right] \quad (2-1-86)$$

$$R = r + \delta/2 = (D-\delta)/2 \quad (2-1-87)$$

式中 R——套管平均半径，m；

σ_0——环向应力，MPa；

δ——套管壁厚，m。

封隔器套管的轴向弯曲应力为：

$$\sigma'_z = \pm 6M_z/\delta^2 \quad (\text{内壁为"}-\text{"号，外壁为"}+\text{"号}) \quad (2-1-88)$$

代入中间变量得到轴向弯曲应力为：

$$\sigma'_z = \frac{\pm 3\theta_k \exp(-\lambda l)\sin(\lambda l)}{4\pi\delta^2\lambda^2 lr\tan(\alpha+\phi)\sin\theta_k}W \quad (2-1-89)$$

卡瓦封隔器坐封后还有轴向压应力：

$$\sigma''_z = -W/A \quad (2-1-90)$$

式中 A——套管横截面积，m²。

将式（2-1-89）和式（2-1-90）进行叠加得轴向应力为：

$$\sigma_2 = (K_4 - 1)W/A \quad (2-1-91)$$

$$K_4 = \frac{(-1)^i 3\theta_k \exp(-\lambda l)\sin(\lambda l)}{2\delta l\lambda^2 \tan(\alpha+\phi)\sin\theta_k} \quad (\text{内壁 } i=1, \text{外壁 } i=2) \quad (2-1-92)$$

需要指出的是 σ_z 和 σ_θ 为卡瓦所挤压的那段套管中间的应力（K_2 和 K_3 由表 2-1-1 和表 2-1-2 中查得）。

表 2-1-1 K_2 的取值

套管尺寸，mm	壁厚，mm	内壁 K_2 值	外壁 K_2 值
139.7	6.2	−66.6559	62.6507
	6.98	−59.1116	55.1047
	7.72	−58.3627	49.3544
	9.17	−44.7942	40.7823
	10.54	−38.8693	34.8532
168.3	7.32	−68.0229	64.0179
	8.94	−55.5392	51.5317

续表

套管尺寸，mm	壁厚，mm	内壁 K_2 值	外壁 K_2 值
168.3	10.59	−46.7561	42.7453
	12.06	−40.9592	36.9449
177.8	5.78	−89.9121	85.9092
	6.91	−76.2446	72.2406
	8.05	−65.321	61.3156
	9.19	−57.1126	53.1053
	10.36	−50.5666	46.5573
	11.51	−45.4313	41.4198
	12.65	−41.265	37.2509
	13.72	−37.9873	33.9704

表 2-1-2 K_3 值

θ_k	n=3		n=4	
	α=0°	α=60°	α=0°	α=60°
0	−0.0999	0.1888	−0.0705	0.1366
5	−0.0993	0.1676	−0.0697	0.1156
10	−0.0975	0.1475	−0.0672	0.0961
15	−0.0944	0.1284	−0.0632	0.0781
20	−0.09	0.1105	−0.0574	0.0616
25	−0.0844	0.0934	−0.0498	0.0464
30	−0.0774	0.0774	−0.0404	0.0327
35	−0.0688	0.0622	−0.0291	0.0204
40	−0.0588	0.0479	−0.0157	0.0094
45	−0.047	0.0345	0	0
50	−0.0334	0.0221	—	—
55	−0.0178	0.0106	—	—
60	0	0	—	—

3. 管柱受力分析计算实例

1) 裸眼完井管柱受力计算实例

（1）HFP1 井完井数据。HFP1 井于 2011 年 11 于 30 日完钻，完钻深度 2806m（垂深 2076.88m），水平段长 560.94m，裸眼段长 647.34m。该井采用三开完井，井身结构为：一开钻头尺寸 φ444.5mm，钻入深度 606m，下入表层套管（φ339.7mm）下深 603.75m，水泥返至井口；二开钻头尺寸 φ311.1mm，钻入深度 2162m，下入技术套管（φ244.5mm）下深 2158.66m，水泥返至井口；三开钻头尺寸 φ215.9mm，钻入深度 2806m，采用裸眼完井。HFP1 井造斜点 1790m（垂深 1789.85），井斜 1.9°，方位 322.1°。A 点斜深 2244.9m

(垂深 2085.37m),井斜 87.56°,闭合方位 342.02°。B 点斜深 2752.28m(垂深 2078.77m),井斜 91.71°,闭合方位 342.04°。实钻轨迹数据见表 2-1-3。

表 2-1-3 HFP1 实钻数据表

井深 m	井斜角 (°)	方位角 (°)	垂深 m	水平位移 m	平移方位 (°)	井眼曲率 (°)/30m
0	0	0	0	0	0	0
1790	1.9	322.1	1789.85	7.85	287.19	1.92
1844.15	6.9	347.7	1843.86	11.27	308.18	1.24
1863.65	9.1	347.1	1863.19	13.37	315.37	5.36
1892.38	14.3	345	1891.33	18.55	324.4	7.2
1925.52	20.9	346.6	1922.84	28.36	331.61	5.89
1963.83	30.5	347.7	1957.27	44.62	337.55	6.63
2002.31	38.7	348	1988.9	66.23	341	6
2037.68	47.39	346.82	2014.99	89.95	342.68	9.48
2075.14	56.11	346.39	2038.09	119.36	343.56	6.46
2114.9	64.07	347.9	2058.08	153.64	344.35	8.4
2152.67	73.43	348.7	2071.65	188.76	345.18	7.98
2191.52	81.21	347.92	2080.57	226.5	345.64	7.14
2229.56	86.29	342.76	2084.58	264.31	345.65	7.47
2244.9	87.56	342.02	2085.37	279.6	345.47	1.23
2258.43	87.94	342.54	2085.89	293.1	345.32	2.02
2296.81	91.31	341.97	2086.03	331.43	344.97	2.88
2335.36	91.89	339.18	2084.62	369.84	344.51	1.57
2373.93	90	338.41	2084.1	408.24	343.99	0.51
2412.1	89.52	337.82	2084.09	446.21	343.46	0.54
2450.59	91.44	337.67	2083.74	484.53	343.02	1.01
2490.23	90.65	340.5	2083.15	524.03	342.66	4.66
2528.7	90.86	342.23	2082.85	562.49	342.59	2.38
2566.39	89.18	342.17	2082.63	600.18	342.56	3.45
2605.95	90.76	342.04	2083.01	639.73	342.53	2.71
2644.37	91.03	341.47	2082.31	678.14	342.49	0.15
2682.98	92.51	342.18	2081.19	716.73	342.45	2.75
2721.38	91.85	342.34	2079.72	755.1	342.45	1.76
2731.03	91.75	342.41	2079.42	764.74	342.45	0.38
2740.53	91.72	341.33	2079.13	774.24	342.44	3.41
2752.28	91.71	342.04	2078.77	785.99	342.43	0.58
2769.62	91.75	341.57	2078.27	803.32	342.42	1.82
2806	92	341	2076.88	839.66	342.37	1.05

(2) HFP1 井完井管柱基本数据见表 2-1-4。

表 2-1-4 HFP1 完井管柱配置表

序号	工具名称/套管序号	长度，m	钢级	累长，m	顶深，m	底深，m
1	球座总成	4.15	P110	4.15	2783.04	2787.19
2	压差滑套	4.64	P110	31.30	2755.89	2760.53
3	锚定封隔器1	4.85	P110	58.61	2728.58	2733.43
4	裸眼封隔器1	4.6	P110	85.49	2701.70	2706.30
5	投球滑套1	4	P110	100.86	2686.33	2690.33
6	裸眼封隔器2	4.59	P110	139.67	2647.52	2652.11
7	投球滑套2	3.98	P110	165.99	2621.20	2625.18
8	裸眼封隔器3	4.58	P110	193.19	2594.00	2598.58
9	投球滑套3	4.15	P110	253.36	2533.83	2537.98
10	裸眼封隔器4	4.56	P110	291.42	2495.77	2500.33
11	投球滑套4	4	P110	317.83	2469.36	2473.36
12	裸眼封隔器5	4.55	P110	333.75	2453.44	2457.99
13	投球滑套5	4.02	P110	359.84	2427.35	2431.37
14	裸眼封隔器6	4.6	P110	398.10	2389.09	2393.69
15	投球滑套6	4	P110	424.54	2362.65	2366.65
16	裸眼封隔器7	4.55	P110	440.45	2346.74	2351.29
17	投球滑套7	3.95	P110	466.93	2320.26	2324.21
18	裸眼封隔器8	4.56	P110	493.79	2293.40	2297.96
19	投球滑套8	4	P110	520.22	2266.97	2270.97
20	裸眼封隔器9	4.57	P110	547.12	2240.07	2244.64
21	投球滑套9	4.01	P110	573.38	2213.81	2217.82
22	裸眼封隔器10	4.55	P110	600.67	2186.52	2191.07
23	悬挂封隔器	10.6	P110	825.19	1962.00	1972.60

(3) HFP1 井完井管柱下入过程中受力计算结果。对 HFP1 井完井管柱下入过程中的轴向力、井口拉力、摩擦力、弯曲应力、弯曲外侧 Mises 等效应力、弯曲内侧 Mises 等效应力以及管柱下入过程中安全系数的计算，计算结果曲线如图 2-1-14 至图 2-1-21 所示。

管柱轴向力受管柱自身所受重力、浮力、摩阻力、弯矩和井内温度、压力变化产生附加轴向力等因素的综合影响。根据图 2-1-14 计算结果：在直井段轴向力主要受管柱自身所受重力和浮力的影响，表现为拉力（正值）随着深度增加逐渐减小，在底部管柱受液体浮力、摩阻力和摩擦力的影响逐渐明显，管柱轴向力表现为压缩力（负值）。当管柱下入造斜段之后受弯曲应力和封隔器等的影响管柱轴向力变化更加复杂。

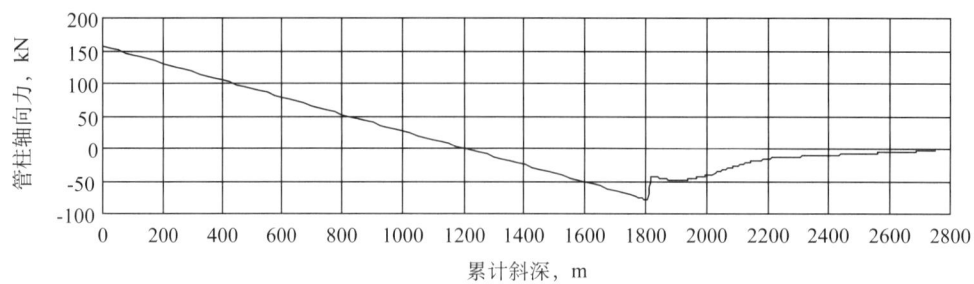

图 2-1-14　完井管柱下入过程中轴向力图

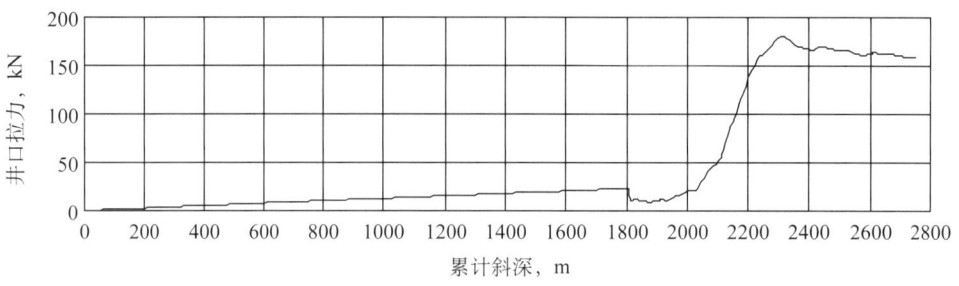

图 2-1-15　完井管柱下入过程中井口拉力图

井口拉力是下入管柱作用在井口处的拉力作用，可用作下入通过性的判据之一。根据计算结果完井管柱下入过程中在直井段井口拉力随深度累计近线性增加，当通过造斜点后由于造斜段管柱产生拉力较直井段小，同时受弯曲应力的影响井口拉力值的变化较复杂。管柱在水平段的轴向拉力为零，受浮力、摩阻力和封隔器等因素影响井口压力有所减小。

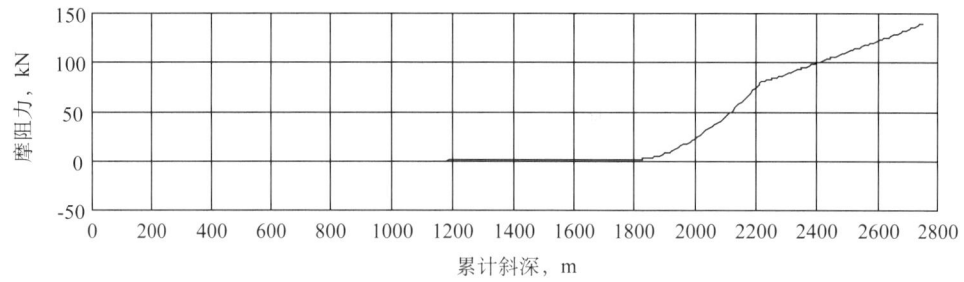

图 2-1-16　完井管柱下入过程中摩阻力图

从图 2-1-16 完井管柱下入过程中摩阻力计算结果可以清楚地看到，摩阻力的变化分为明显的三个阶段。垂直井段和水平井段（包括斜直井段）的摩阻力规律较简单：直井段管柱摩阻力趋于零可以忽略；在水平段内管柱的摩阻力与管柱自身所受重力存在明显正相关。对于弯曲井眼，由于管柱自身所受重力和井眼弯曲等多种因素的共同作用，弯曲井段摩阻力的变化比较复杂，必须考虑管柱弯曲所附加的弯曲刚度综合进行分析。

从图 2-1-17 井眼造斜率图和图 2-1-18 井眼弯曲应力可以看出，尽管两者各自的变化趋势十分复杂，但二者之间存在很好的相关性。因此井眼造斜率是影响管柱下入过程中弯曲应力的关键参数。弯曲应力进一步对管柱井口拉力和轴向力产生影响，因此井眼造斜率也是压裂管柱能否顺利下入以及下入过程安全性的重要参数。

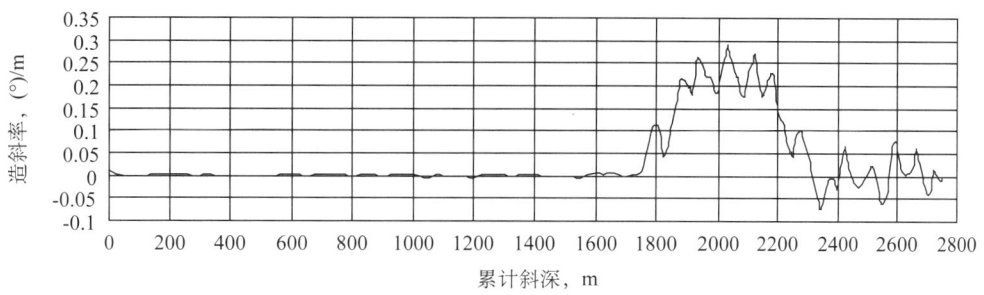

图 2-1-17　井眼造斜率图

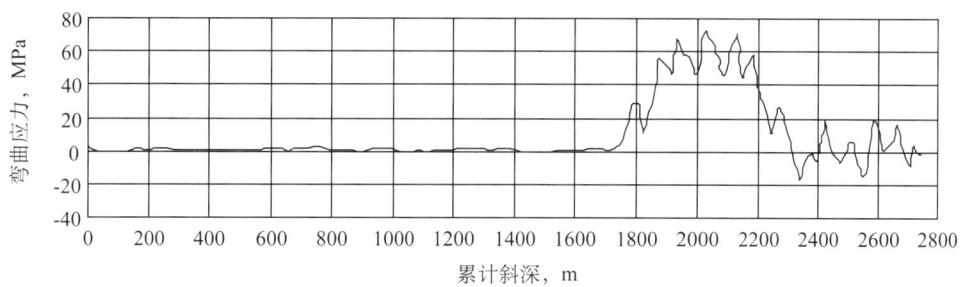

图 2-1-18　井眼弯曲应力图

图 2-1-19 计算结果表明 HFP1 井管柱下入过程中轴向变形并不明显，2780m 井深产生轴向变形在 2m 以内，管柱轴向变形对施工不会产生大的影响。

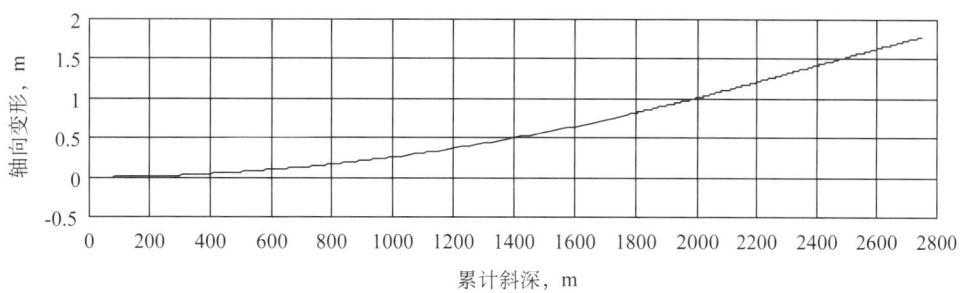

图 2-1-19　完井管柱下入过程中轴向变形图

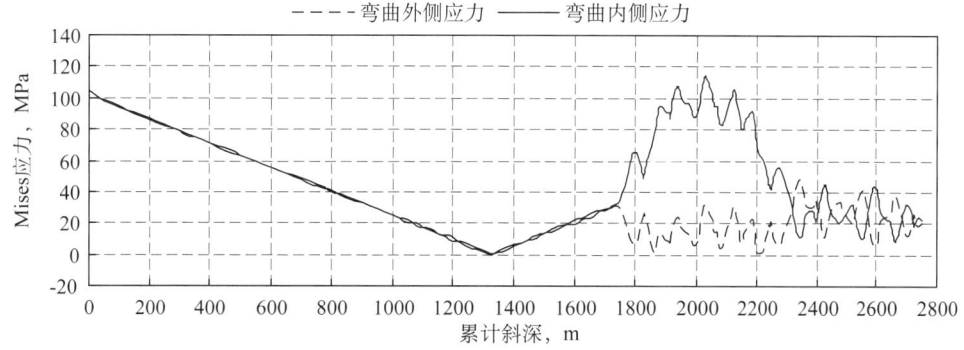

图 2-1-20　完井管柱下入过程中 Mises 应力图

管柱 Mises 应力值是利用 Von Mises 屈服准则判断管柱安全性的关键参数。在一定变形条件下当受力物体内的等效应力达到材料屈服点时该点就开始进入塑性变形状态，发生破坏。计算中采用了管柱外侧和内侧的 Mises 应力，从计算结果看对于垂直井段和水平井段内两侧弯曲 Mises 应力值差别不大，对于造斜段由于井眼轨迹弯曲严重两者 Mises 应力之间差距变大，内侧管柱承受弯曲应力值明显高于外侧。因此施工中在管柱进入造斜段时应放慢下放速度，遇阻时不宜强行通过以免井下工具遭破坏。

图 2-1-21 是管柱安全系数与累计斜深关系。管柱安全系数表示为管柱材料屈服强度与实际应力的比值，通常为了保证施工安全根据实际请情况将设计安全系数设定为大于 1 的常数（本例中定义为 1.8），当计算安全系数大于设计安全系数可以认为施工是安全的。本例中内外两侧安全系数均大于设计安全系数，因此从施工设计角度是安全的。对比图 2-1-20、图 2-1-21、图 2-1-17 和图 2-1-18 可以发现，安全系数与 Mises 应力有一定的相关性，高 Mises 应力值通常对应较低的安全系数，因此对井身轨迹造斜率进行合理的规范和设计是保证管柱安全下入的重要方法。

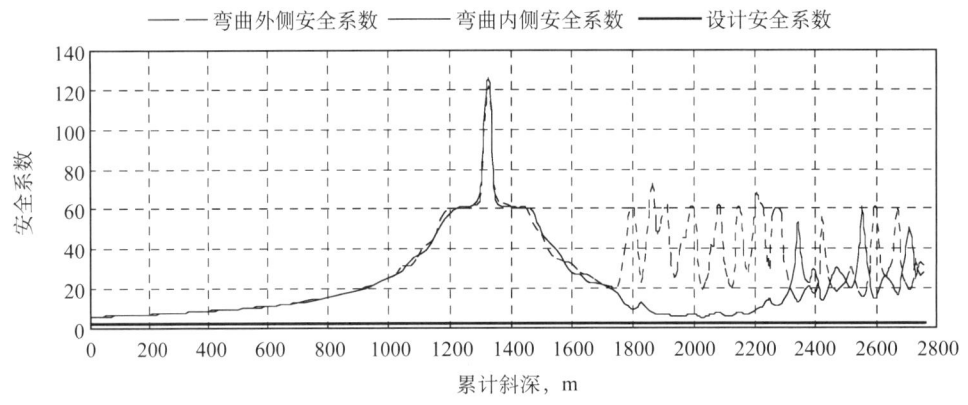

图 2-1-21 完井管柱下入过程中安全系数图

通过对本井完井管柱下入的受力分析计算可知，存在 5 个困难通过点。井口拉力用于判断管柱的可下入性，当井口拉力小于 10kN 时表明在该位置处下入比较困难；当井口拉力小于零时，表明该位置处管柱无法通过。

第 1 下入困难位置：斜深为：2027.71m；垂深为：2008.04m；井斜角为：44.26°；方位角为：347.04°；造斜率为：0.291°/m。

第 2 下入困难位置：斜深为：2124.16m；垂深为：2061.93m；井斜角为：66.43°；方位角为：348.64°；造斜率为：0.273°/m。

第 3 下入困难位置：斜深为：2037.68m；垂深为：2014.99m；井斜角为：47.17°；方位角为：346.54°；造斜率为：0.267°/m。

第 4 下入困难位置：斜深为：1935.11m；垂深为：1931.72m；井斜角为：23.33°；方位角为：347.5°；造斜率为：0.263°/m。

第 5 下入困难位置：斜深为：2017.74m；垂深为：2000.74m；井斜角为：41.67°；方位角为：347.52°；造斜率为：0.259°/m。

从安全系数计算结果来看管柱在下入过程中弯曲内侧安全系数和弯曲外侧安全系数均大于设计安全系数，因此施工时安全的。

(4) HFP1 井完井管柱下入施工情况。根据 HFP1 管柱力学计算结果，管柱下入过程中存在 5 个困难点，5 个下入困难点均在水平井造斜井段内。困难点集中出现在 1900～2150m 的测深范围，该井段内井眼造斜率为（0.259°～0.291°）/m 为本井中造斜率最大部分。施工过程中在井筒准备时将该井段作为重点段考虑。进行模拟管串双西瓜皮磨鞋通井作业时工具串在下入 1900m 后地面显示井口拉力逐渐变小，在 2020m 左右时井工具串下入遇阻，无法通过，遇阻负荷 2t 后仍无法通过。现场立即停止施工，缓慢起出双西瓜皮磨鞋工具串，再次下入钻头通井。上下提放管柱并配合适当旋转、上下划眼的方法，划眼通过后对划眼井段上下提拉 3～5 次。之后换单西瓜皮磨鞋继续通井，反复在该井段上提下放工具串刮削井壁数次，同时采用钻井液循环直到进出口钻井液性能一致。再次下入双西瓜皮磨鞋模拟管串通井，当工具串下入到 1900m 左右时井口压力仍有下降趋势，到 2020m 时悬重显示为 5.7kN，表明工具在此处下入仍然比较困难。为了保障压裂工具管柱能顺利下入，利用双西瓜皮磨鞋工具串在井筒多次刮削井壁，直到下放管柱能自由下入。随后当工具串通过 2050m 后井口拉力显示有增加的趋势表明模拟工具串已顺利通过 5 个困难点。之后模拟工具串双西瓜皮磨鞋下入顺畅，井口拉力显示均在 10kN 以上。

在压裂管柱下入时，在即将通过困难点时将下入速度控制在 60s/根以内，密切关注井口压力变化，同时连接上钻井液循环系统随时准备循环。进入 1900m 左右第一个控制点时井口压力显示为 10.3kN，工具通过比较容易。在工具串顺利通过第一个困难点后，不必急于下入后续管柱串，再次利用工具管柱在刚通过的困难点反复刮削井壁数次。之后依照同样的方法工具管柱依次顺利通过后续 3 个困难点。工具管柱在通过 2020m 左右时井口压力再次下降到 2.3kN 左右，下入不够顺畅，现场命令停止下入再次利用工具管柱刮削，并起用循环系统清除可能出现的固相颗粒。再次尝试下入管柱时井口拉力显示为 5kN，工具顺利通过该点。工具管柱通过 2050m 后悬重逐渐增加，表明管柱已顺利通入困难点。之后工具管柱下入顺畅井口拉力显示始终在 10kN 以上。

2）套管固井完井管柱受力计算实例分析

(1) MP10 井钻、完井数据。MP10 井为套管固井水平井，完钻井深为 2107m，垂深为 1304.54m，完井套管柱为 N80 套管，外径 139.7mm，壁厚 9.35mm，屈服强度为 552MPa。作业油管为外径 73mm、壁厚 5.59mm，钢级为 80，屈服强度按照 API 标准取为 552MPa。井眼直径为 215.9mm，洗井液密度为 1.05g/cm³。MP10 井实钻数据见表 2-1-5。

表 2-1-5 MP10 井实钻数据表

测深 m	井斜角 (°)	方位角 (°)	垂深 m	南北 m	东西 m
312	1.69	111.67	311.95	−1.7	4.28
662	2.24	110.04	661.75	−5.97	15.49
802	1.36	124.98	801.68	−8	19.38
1040.81	2.33	104.3	1040.36	−11.18	26.33

续表

测深 m	井斜角 (°)	方位角 (°)	垂深 m	南北 m	东西 m
1079.1	10.46	76	1078.46	−9.97	29.5
1117.1	17.93	71.2	1115.27	−7.59	38.52
1154.24	25.93	80.3	1149.6	−3.87	52.06
1191.37	33.09	80.5	1182.15	−0.87	69.62
1228.55	41.57	83.8	1211.64	2.12	92.01
1265.48	53.6	77.5	1236.61	7.24	118.62
1302.39	63.11	79.7	1255.67	13.35	149.57
1341.97	75.15	84.22	1270.19	18.35	185.95
1380.46	80.42	82.29	1278.25	22.56	223.33
1418.99	83.67	80.53	1282.9	28.38	261.13
1457.36	87.01	79.92	1285.61	34.98	298.83
1495.67	86.22	76.66	1287.47	42.47	336.34
1534.52	86.66	73.85	1290.27	52.48	373.77
1572.23	87.8	71.39	1292.08	63.66	409.74
1610.88	85.3	71.21	1294.57	76.01	446.27
1649.05	85.78	71.74	1296.65	88.61	482.23
1688.21	89.12	72.44	1297.92	100.62	519.48
1726.57	90.26	72.44	1297.52	112.11	556.07
1766.65	90.53	70.86	1296.93	124.78	594.09
1803.56	90.18	70.16	1296.72	137.19	628.85
1851.36	89.3	68.93	1296.4	153.64	673.73
1890.13	84.64	70.16	1298.3	167.19	709.99
1956.47	86.4	69.63	1303.44	190	772.07
1995.33	89.91	69.45	1304.54	203.62	808.44
2034.34	89.91	69.98	1304.84	217.15	845.02
2080	92	70	1303.78	232.94	887.85

(2) MP10井完井管柱基本数据见表2—1—6。

表2—1—6 MP10井完井管柱基本数据表

套管外径，mm	177.80	封隔器弹性模量，GPa	8.50
套管壁厚，mm	9.19	第一封隔器长度，m	2.50
油管外径，mm	73.0	第二封隔器长度，m	2.50
油管壁厚，mm	5.49	第三封隔器长度，m	2.50

续表

油管屈服强度，MPa	552.0	第四封隔器长度，m	2.50
计算长度，m	2000.00	第五封隔器长度，m	2.50
设计安全系数	1.25	第一、第二封隔器间距，m	95.00
洗井液密度，g/cm³	1.03	第二、第三封隔器间距，m	150.00
油套摩擦系数	0.23	第三、第四封隔器间距，m	300.00
封隔器外径，mm	114.00	第四、第五封隔器间距，m	30.00
封隔器内径，mm	50.00		

（3）MP10 井完井管柱下入过程中受力计算结果井受力分析计算。对 MP10 井完井管柱下入过程中的轴向力、井口拉力、摩阻力、弯曲应力、弯曲外侧 Mises 等效应力、弯曲内侧 Mises 等效应力以及管柱下入过程中安全系数进行计算，计算结果曲线如图 2-1-22～图 2-1-29 所示。

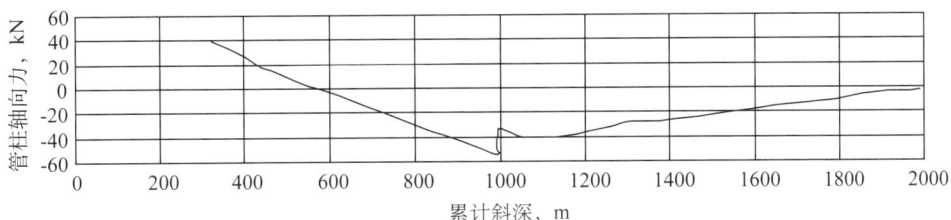

图 2-1-22　完井管柱下入过程中轴向力图

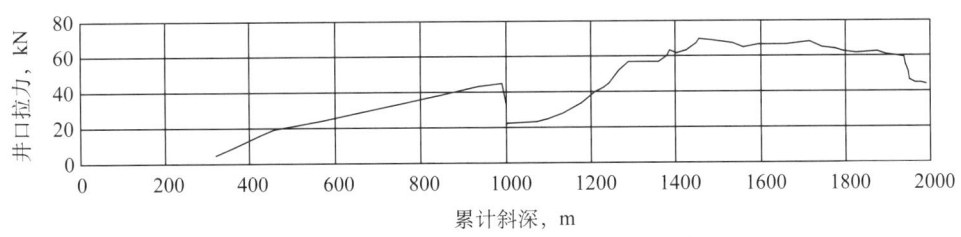

图 2-1-23　完井管柱下入过程中井口拉力图

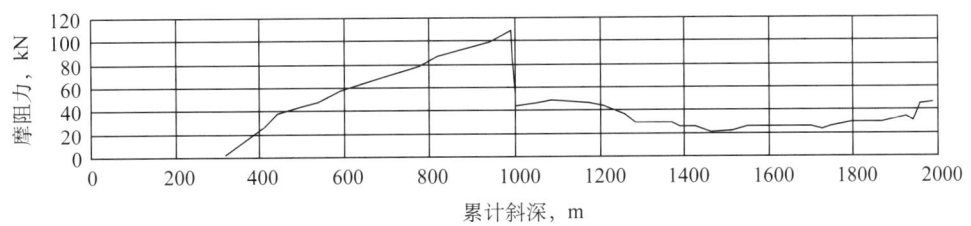

图 2-1-24　完井管柱下入过程中摩阻力图

与裸眼井类似，套管固井完井管柱下入过程中轴向力也受管柱自身所受重力、浮力、摩阻力和井眼弯曲等多方面因素的综合影响，通常井口表现为拉力，底部管柱逐渐表现为压缩力作用。进入造斜点后管柱轴向力的变化复杂波动较大,下入管柱过程需操作平稳,注意观察拉力显示变化。

图 2-1-23 和图 2-1-24 说明套管固井水平井其井口拉力和管柱摩阻力随斜深变化趋势与裸眼完井基本一致。由于套管壁相对于裸眼井壁更加光滑,水平井造斜段摩擦阻力和弯曲应力对井口拉力的影响相对较小。造斜段井口拉力的变化更加平缓,井口拉力下降幅度较小,因而更加有利于管柱的顺利通过。图中计算结果表明井口压力均在 20kN 以上,工具管柱通过性较好。

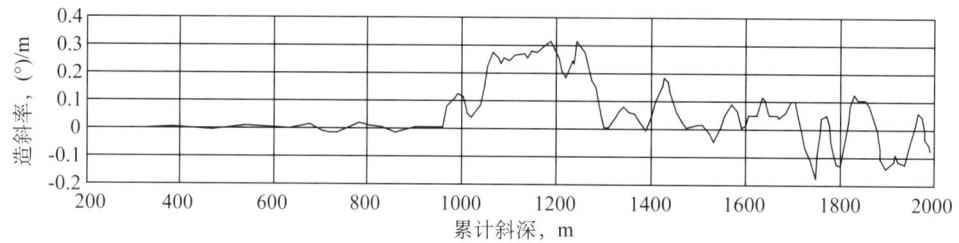

图 2-1-25　井眼造斜率图

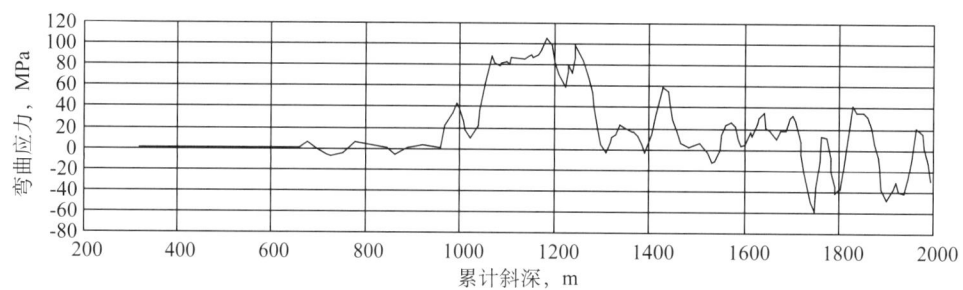

图 2-1-26　井眼弯曲应力图

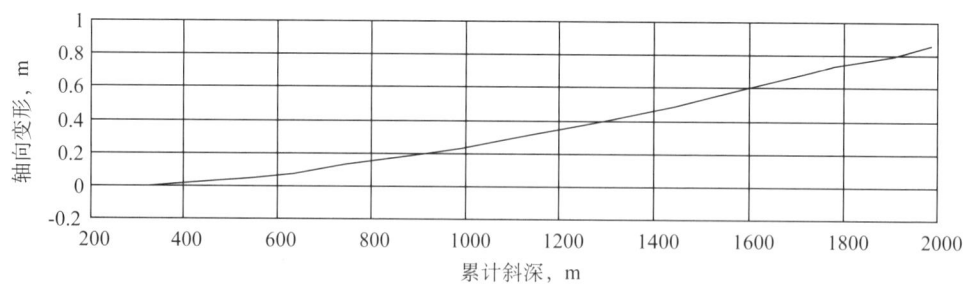

图 2-1-27　完井管柱下入过程中轴向变形图

套管固井完井水平井的井眼造斜率对弯曲应力大小和工具管柱的顺利下入同样具有重要的影响,在进行设计时应充分考虑井眼造斜率这一重要因素。

MP10 井管柱下入过程中产生轴向变形总共不到 1m,在施工中这一因素可以忽略。需要指出的是下入管柱轴向变形是工具下入过程中综合受力的结果,轴向变形小并不意味着管柱轴向受力也较小,受力情况应分井段具体分析。

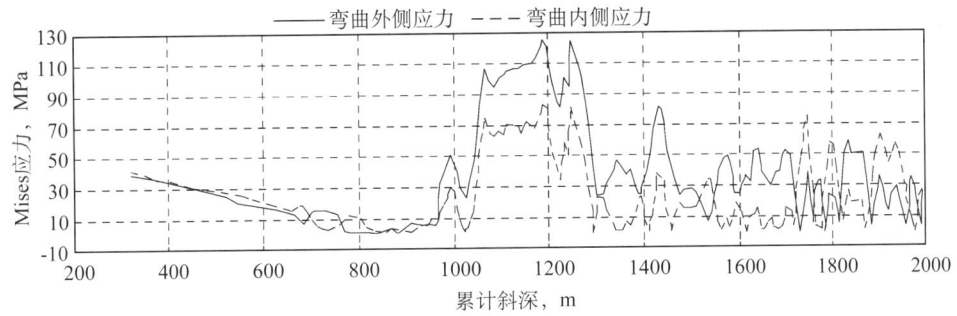

图 2-1-28 完井管柱下入过程中 Mises 应力图

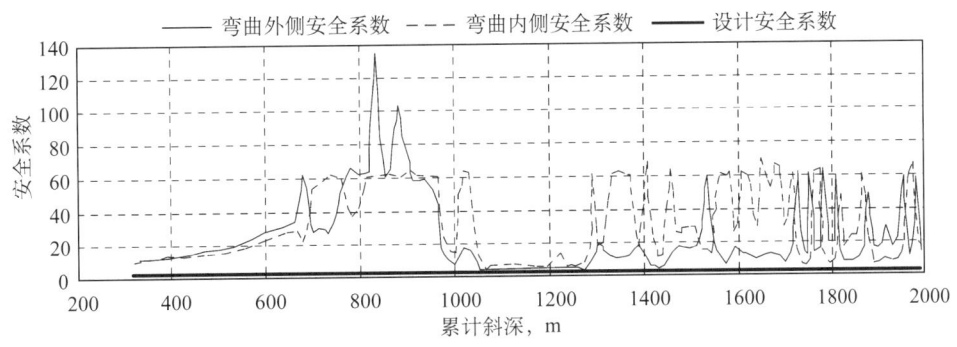

图 2-1-29 完井管柱下入过程中 Mises 应力图

MP10 弯曲内侧和弯曲外侧 Mises 应力及安全系数计算结果同样表明安全系数与弯曲 Mises 应力和井眼造斜率有较好的一致性。因此井眼造斜率也是影响套管固水平井工具能否顺利下入以及下入过程中安全性的重要因素。

受力分析结果表明，MP10 井工具管柱下入过程井口拉力均在 20kN 以上。表明该工具管柱下入相对较顺利，仅在 1000～1500m 管柱通过造斜段时需加以小心，控制下放速度。从 Mises 应力和安全系数计算结果看，弯曲内侧 Mises 应力最大值为 141.13MPa，对应井深为 1743.87m，对应安全系数：3.91。弯曲外侧 Mises 应力最大值为 133.87MPa，对应井深为 1278.25m，对应安全系数：4.12。井段中 1100～1300m 处安全系数接近设计安全系数，存在较大的弯曲效应，此处管柱下入过程中严格控制下放速度，平稳操作，避免井下工具受到损害。

（4）MP10 井完井管柱下入施工情况。根据管柱力学计算分析结果 MP10 井工具管柱串下入过程中井眼中不存在不能通过或通过十分困难的点。MP10 工具管柱下入前按照工艺要求通井、洗井、刮削，对井眼造斜率较大和计算弯曲应力较大点放慢作业速度，反复刮削洗井，保证套管内壁无油污等杂质增加摩擦系数。根据现场施工井口管柱悬重拉力显示 MP10 井工具管柱在垂直井段时井口拉力随管柱下入快速增加，到 930m 时井口拉力已接近 45kN，此为正常施工井口拉力值。当管柱下入到 987m 时开始进入造斜段井口压力迅速下降为 20kN 左右，表明井眼造斜所引起的弯曲应力和摩擦阻力等动态附加力影响十分明显。为了保护套管和井下工具现场命令放慢管柱下放速度并密切关注井口拉力显示，将下放速度限制在30s/根。观察井口拉力均在20kN之上，表明管柱通过畅通。之后井口拉力呈持续上升趋势，根据弯曲应力和安全系数计算结果，为了下入工具安全命令在下入管柱在1100～1300m井段高弯曲应力、低安全系数时限制下放速度缓慢试探，配合上下提放管柱。最终工具管柱顺利下入井筒，后续压裂作业施工表明井下工具管柱功能正常，未发生损坏而失效。

二、封隔器滑套压裂管柱压裂过程力学分析

压裂管柱下入井底、锚爪锚定、封隔器坐封以及压裂生产过程中，由于井眼弯曲作用、管柱自身所受重力、液柱浮力，管柱内外压力差、温差以及流体的摩阻作用，使压裂管柱产生以下基本效应。

（1）弯曲效应：由于井眼的弯曲作用使得作业管柱在弯曲段产生轴向应力，在弯曲内侧表现为压应力，在弯曲外侧表现为拉应力；同时弯曲作用使得完井管柱的不圆度增加，降低了完井管柱的各项设计强度（图2-1-30）。

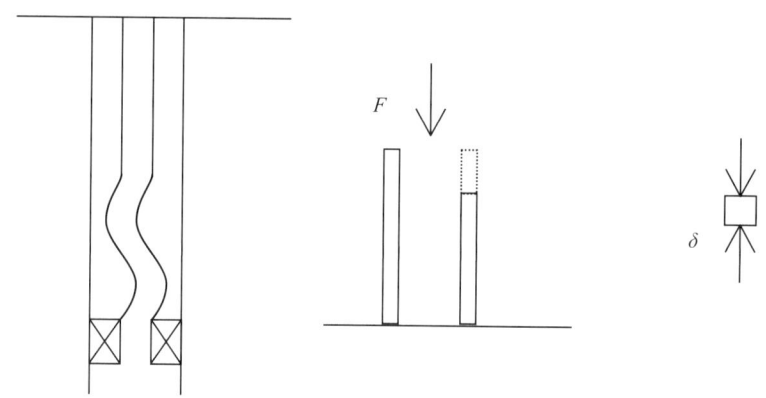

图2-1-30 弯曲段应力示意图

（2）浮重效应：由于管柱自身所受重力和井筒液柱浮力作用引起管柱的轴向载荷与变形（图2-1-31）。

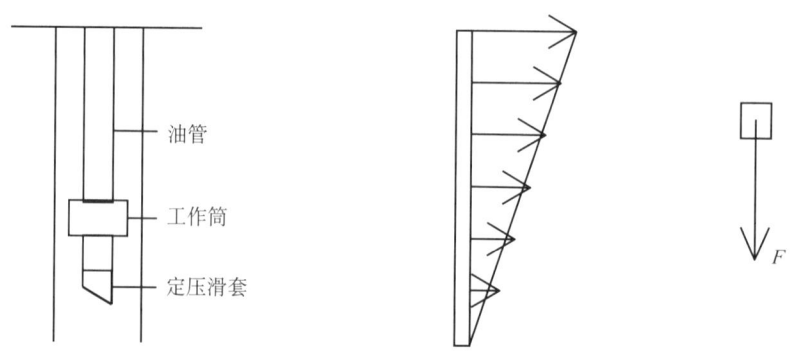

图2-1-31 浮重效应示意图

（3）活塞效应：封隔器锚定或坐封过程中管柱内压引起的管柱的轴向载荷与变形；或压裂过程中套管环空封隔器上下层压裂压力差引起压裂管柱的轴向载荷（图2-1-32）。

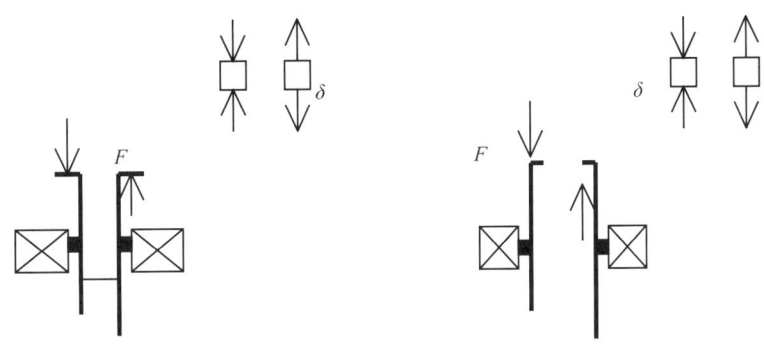

图 2-1-32　活塞效应示意图

（4）横向效应：压裂管柱内外压力差引起管柱的轴向载荷与变形（图 2-1-33）。

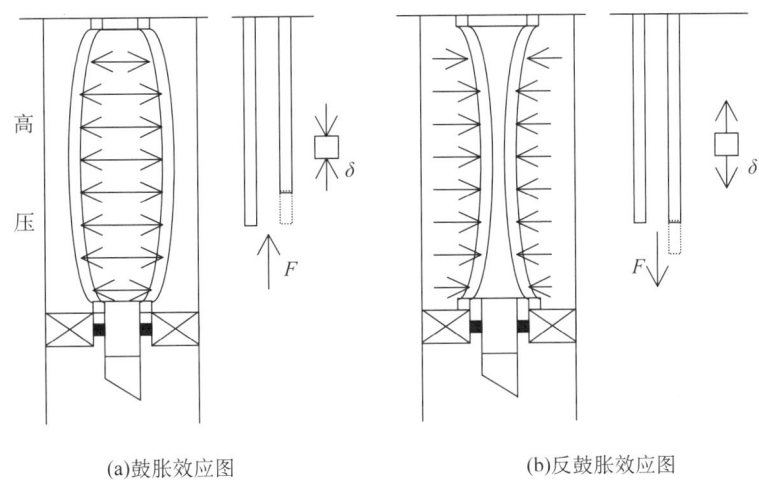

(a) 鼓胀效应图　　　　(b) 反鼓胀效应图

图 2-1-33　横向效应示意图

（5）摩阻效应：注入液体向下流动的黏滞摩阻力引起管柱的轴向载荷与变形（图 2-1-34）。

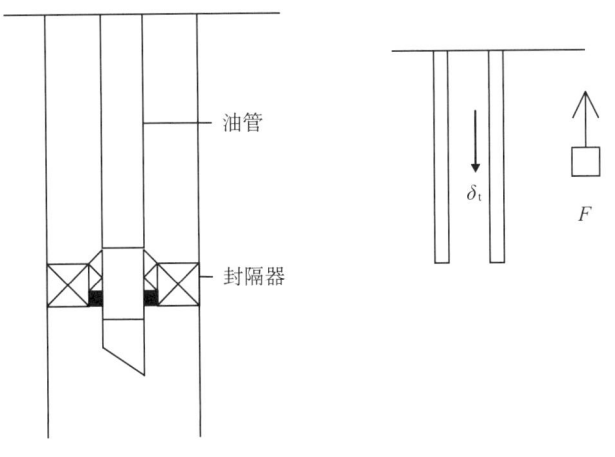

图 2-1-34　摩阻效应示意图

(6) 温差效应：压裂管柱的温度变化引起管柱的热应力与变形（图2-1-35）。

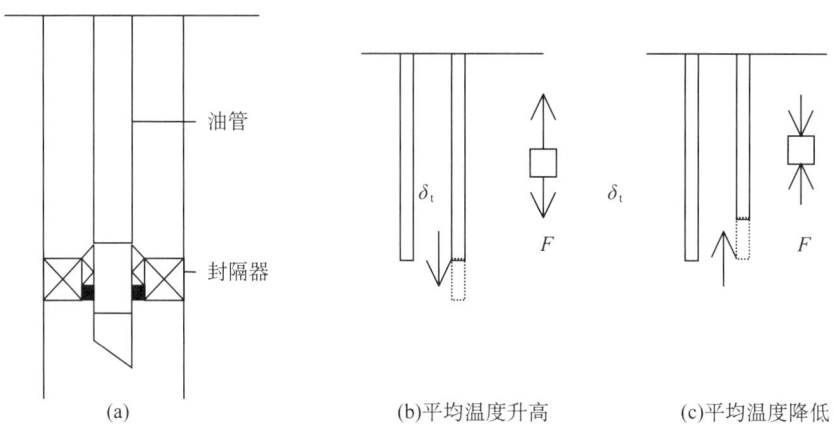

图 2-1-35　温差效应示意图

1. 压裂管柱力学计算的状态分析

（1）分析压裂、酸化过程中由于管内和环空的温度和压力变化导致载荷变化。

（2）计算井筒中流体—管柱—地层温度介质热传导的温度场。

（3）计算油管柱长度变化和内外壁组合应力。

（4）确定一定泵压、一定排量范围内，管柱抗拉安全系数和管柱变形安全系数。

（5）确定适合管柱组合方式、一定的管柱结构、一定泵压、一定排量下的最佳管柱设计。

（6）压裂液的摩阻在油管柱内产生压力损失计算，依据液体性质与油套管的摩阻来适当确定有关参数。在入井液入井时，由于管柱存在振动，会导致油管屈曲变形过程中与套管的摩擦，因此，在压裂、酸化管柱设计时，忽略变形油管与套管的机械摩擦。

（7）螺旋弯曲与螺曲力的关系确定采用经典管柱力学模型，确定虚构力。

2. 管柱力学计算基本参数

（1）收集基本数据包括：井身结构；井深；地层压力；地层、地面温度；处理层位；油套管钢级、规格许用内压、许用外挤、抗拉强度、钢材密度、螺纹抗拉极限载荷；油管、套管组合段长；封隔器类型；封隔器密封直径；井筒流体物性；压裂液的摩阻系数；地层、压裂液、酸液热传导系数；地层、压裂液、酸液密度；地层破裂压力；井口最高限压；井口泵压；入井液量；入井液排量等。

（2）根据井深、泵压、排量、地层破裂压力，从井口到井底遵循压力系数大于1的原则，进行压裂管柱及压裂设计优化。可做到从井口到井底，双向优化计算。

（3）用结点法分段计算各特性管柱的力学效应，重点计算油套管柱变径台肩处、封隔器处以及井底与井口处的应力、轴向力和弯曲力等；管柱变形长度；补偿变形的载荷；设计封隔器坐封力下的管柱强度主要力学指标。

（4）应用流体力学方法进行压裂液、酸液在井筒中摩阻计算。

3. 管柱自重与变形分析

压裂管柱下入井底时，下端处于自由状态，管柱内外压力基本相等，管柱受自身所受重力和液柱浮力的作用。

设压裂管柱总长度（井口到井底球座）为 L，锚爪上段管柱长度为 l_1，锚爪下段管柱长度为 l_2，管柱内外径分别为 d_i 和 d_o，单位长度管柱所受重力为 q，管内流体密度为 ρ_i，管外流体密度为 ρ_o。封隔器坐封以前，管内流体密度与管外流体密度相等，即 $\rho_i = \rho_o$。距井口为 z 截面处压裂油管的轴向载荷 F_g 和轴向应力 σ_g 分别为：

$$F_g = q(L-z) - \rho_i g L \cdot \frac{\pi(d_o^2 - d_i^2)}{4} \tag{2-1-93}$$

$$\sigma_g = \frac{4q(L-z)}{\pi(d_o^2 - d_i^2)} - \rho_i g L \tag{2-1-94}$$

由虎克定律，距井口深度 z 处，油管的伸长量为：

$$\Delta l_g = \frac{1}{E}\left[\frac{2q(2Lz-z^2)}{\pi(d_o^2-d_i^2)} - \rho_i g L_z\right] \tag{2-1-95}$$

式中，第一项为管柱自身所重力引起的轴向变形；第二项为管柱所受浮力引起的轴向变形。

4. 锚定过程管柱的受力与变形分析

压裂管柱经过洗井以后，加内压进行锚定坐封，在内压作用下，管柱底部球阀关闭，随着管柱内压增大，管柱在内外液体的压差作用下产生活塞效应和横向鼓胀效应。在锚爪锚定以前，活塞效应引起整个管柱的内力与变形，锚爪锚定以后，锚定时的活塞力引起的管柱内力与变形将成为锚爪上段管柱预拉力而永久存在，活塞力消失以后，该预拉力将作用于锚爪。

1）活塞效应引起压裂管柱的应力与变形

设锚定时井口压力为 p。该压力作用于底部球座管柱内壁横截面，形成的活塞力引起管柱的内力和变形为：

$$F_1 = p \cdot \frac{\pi d_i^2}{4} \tag{2-1-96}$$

$$\sigma_1 = p \cdot \frac{d_i^2}{d_o^2 - d_i^2} \tag{2-1-97}$$

距井口深度 z 处，管柱由于活塞效应的伸长量为：

$$\Delta l_1 = \frac{1}{E} \cdot \frac{p \cdot d_i^2}{d_o^2 - d_i^2} z \tag{2-1-98}$$

2）横向效应引起压裂管柱的应力与变形

井口压力 p 不仅引起管柱的活塞效应，还会引起管柱的横向鼓胀效应。由于压裂管柱内外压力差作用，引起管柱的径向应力和环向应力分别为：

$$\sigma_{2r} = \frac{d_i^2}{d_o^2 - d_i^2}\left(\frac{d_o^2}{4r^2} - 1\right) p_z$$

$$\sigma_{2\theta} = \frac{d_i^2}{d_o^2 - d_i^2}\left(\frac{d_o^2}{4r^2}+1\right)p_z \qquad (2-1-99)$$

式中：

$$p_z = p + \rho_i g z - \rho_o g z$$

p_z 为压裂管柱所受的有效内压力，如果管内流体与管外流体密度相等，则 $p_z=p$，由于环向应力与径向应力沿壁厚的分布不是常量，为计算较精确的轴向变形，取周向应力与径向应力沿壁厚的几何平均值作为计算应力，得：

$$\bar{\sigma}_{2r} = -\frac{d_i}{d_o + d_i} p_z \qquad (2-1-100)$$

$$\bar{\sigma}_{2\theta} = \frac{d_i}{d_o - d_i} p_z \qquad (2-1-101)$$

鼓胀效应引起油管的轴向应变为 ε_2，油管柱弹性模量为 E，泊松比为 μ，由广义虎克定律：

$$\varepsilon_2 = -\frac{\mu}{E}\left(\bar{\sigma}_{2r} + \bar{\sigma}_{2\theta}\right)$$

得到油管任一深度 z 处的轴向变形为：

$$\Delta l_2 = -\frac{2\mu}{E} \cdot \frac{p d_i^2}{d_o^2 - d_i^2} \cdot z \qquad (2-1-102)$$

如果管柱两端轴向位移受到约束，横向效应将引起管柱的轴向应力：

$$\sigma_2 = \mu\left(\bar{\sigma}_{2r} + \bar{\sigma}_{2\theta}\right) = 2\mu\frac{d_i^2}{d_o^2 - d_i^2} p \qquad (2-1-103)$$

3）压裂管柱锚定时的应力与变形

管柱锚定时，井口压力为 p_{md} 时，任意井深位置 z（$0 \leq z \leq L$）处，井口压裂压力 p_{md} 引起压裂管柱的轴向变形和轴向应力分别为：

$$\Delta l_{md} = \frac{1-2\mu}{E} \cdot \frac{d_i^2}{d_o^2 - d_i^2} \cdot p_{md} z \qquad (2-1-104)$$

$$\sigma_{md} = p_{md} \cdot \frac{d_i^2}{d_o^2 - d_i^2} \qquad (2-1-105)$$

5. 坐封过程管柱的受力与变形分析

锚爪锚定以后，井口坐封压力为 p_{zf}，由于 $p_{zf} > p_{md}$，锚爪位置以上管柱两端受到轴向约束，横向鼓胀效应将引起锚爪上段管柱的轴向应力；锚爪位置以下管柱一端自由，横向效应将引起锚爪以下管柱的轴向位移。

坐封过程锚爪以上管柱的轴向应力和位移（$0 \leq z_1 \leq l_1$）：

$$\sigma_{zfu} = \left[(1-2\mu)p_{md} + 2\mu p_{zf}\right] \cdot \frac{d_i^2}{d_o^2 - d_i^2} \qquad (2-1-106)$$

式中，第一项为锚定压力引起的轴向应力；第二项为横向鼓胀效应引起的轴向应力。

由于锚爪位置以上管柱两端受到轴向约束，坐封过程锚爪上段管柱的轴向位移等同于锚定时管柱的位移（$0 \leqslant z_1 \leqslant l_1$）：

$$\Delta l_{zfu} = \frac{1-2\mu}{E} \cdot \frac{d_i^2}{d_o^2 - d_i^2} \cdot p_{md} z_1 \qquad (2-1-107)$$

坐封过程锚爪位置下段管柱的轴向应力和位移（$0 \leqslant z_2 \leqslant l_2$）：

$$\sigma_{zfd} = p_{zf} \cdot \frac{d_i^2}{d_o^2 - d_i^2} \qquad (2-1-108)$$

$$\Delta l_{zfd} = \frac{1-2\mu}{E} \cdot \frac{d_i^2}{d_o^2 - d_i^2} \cdot (p_{md} \cdot l_1 + p_{zf} \cdot z_2) \qquad (2-1-109)$$

6. 压裂过程管柱的受力分析

压裂过程中，作用于压裂管柱内壁的活塞效应和鼓胀效应所产生的应力和变形成为锚爪以上管柱的预拉力和预变形。压裂过程中，锚定段压裂管柱将会产生摩阻效应、温差效应和横向鼓胀（反鼓胀）效应。

1）活塞效应引起压裂管柱的应力（σ_1）

由于水力压缩式封隔器在井口压力 p_{md} 作用下实现锚定。该压力作用于底部球座压裂管柱内壁横截面，给压裂管柱一个轴向载荷作用，锚定以后，该作用力将作为压裂管柱的预拉力（F_1）而存在：

$$F_1 = p_{md} \cdot \frac{\pi d_i^2}{4} \qquad (2-1-110)$$

$$\sigma_1 = p_{md} \cdot \frac{d_i^2}{d_o^2 - d_i^2} \qquad (2-1-111)$$

2）横向效应引起压裂管柱的应力（σ_2）

井口压裂压力为 p_{zs}，由压裂管柱环向应力与径向应力引起管柱的轴向载荷和轴向应力。套管压力低于油管压力时，压裂管柱受到正鼓胀效应作用，压裂管柱内部受到轴向拉力（F_2）作用：

$$F_2 = \frac{\pi \mu}{2} d_i^2 (p_{zs} - p_{md}) \qquad (2-1-112)$$

$$\sigma_2 = 2\mu \frac{d_i^2}{d_o^2 - d_i^2}(p_{zs} - p_{md}) \qquad (2-1-113)$$

套管压裂压力高于油管压裂压力时，忽略水头损失对压裂管柱内外压力的影响。认为压裂管柱内外压力相等，当由于管柱锚定时受到正鼓胀效应的作用，当正鼓胀效应消失后，管柱受到两端的轴向约束，不能恢复原状，故产生反鼓胀效应，在管柱内产生轴向压力（F_2）：

$$F_2 = -\frac{\pi\mu}{2} d_i^2 p_{md} \tag{2-1-114}$$

$$\sigma_2 = -2\mu \frac{d_i^2}{d_o^2 - d_i^2} \cdot p_{md} \tag{2-1-115}$$

3）温差效应引起压裂管柱的热应力

温度变化将会造成管柱长度的变化，如果管柱伸长受到限制时，在管柱内就会产生一个轴向载荷，假设锚爪锚定时距井口深度为 z_1 处管柱的温度为 t_0，在压裂或生产条件下，管柱温度为 t_1。温度变化引起管柱的热轴向载荷为：

$$F_3 = \alpha \cdot E \cdot A \cdot (t_0 - t_1) \tag{2-1-116}$$

轴向热应力为：

$$\sigma_3 = \alpha \cdot E \cdot (t_0 - t_1) \tag{2-1-117}$$

式中　α——油管的热膨胀系数，K^{-1}。

如果管柱可以自由伸长，则温度效应产生变形的计算公式为：

$$\Delta L_3 = \alpha \cdot L \cdot (t_1 - t_0) \tag{2-1-118}$$

4）摩阻效应引起压裂管柱的应力

注入液体沿管壁流动时，由于液体的黏滞性，管柱的摩擦力将造成液体的流动阻力。即液流的摩阻效应，该效应将引起压裂管柱的轴向载荷和轴向变形。压裂管柱液流单位长度的水头损失为：

$$h_f = \lambda \frac{1}{d_i} \frac{v^2}{2g} \tag{2-1-119}$$

式中　v——管内液体流动速度，$v = \dfrac{Q}{21600\pi d_i^2}$　m/s；

　　　Q——压裂井日压裂量，m^3；

　　　λ——为沿程阻力系数，根据液体流动状态进行计算。

单位长度压裂管柱上的摩阻力为：

$$f_m = \rho_i g h_f \cdot \pi d_i^2 / 4 \tag{2-1-120}$$

由于压裂管柱经锚定坐封后，两端可以视为固定端，由材料力学可知，液体流动沿压裂分布的摩阻力将引起上半段压裂管柱纵向伸长，下半段压裂管柱纵向缩短。在压裂管柱距井口 z_1 截面位置由于液体流动引起的轴向载荷为：

$$F_4 = \frac{\pi \rho_i \lambda v^2 d_i}{8} (l_1/2 - z_1) \tag{2-1-121}$$

轴向应力为：

$$\sigma_4 = \frac{\rho_i \lambda v^2 d_i}{4(d_o^2 - d_i^2)} (l_1/2 - z_1) \tag{2-1-122}$$

锚爪下段距锚爪 z_2 截面位置处由于液体流动引起的压裂管柱的轴向载荷为：

$$F_4 = \frac{\pi \rho_l \lambda v^2 d_i}{8}(l_2 - z_2) \quad (2-1-123)$$

轴向应力为：

$$\sigma_4 = \frac{\rho_l \lambda v^2 d_i}{4(d_o^2 - d_i^2)}(l_2 - z_2) \quad (2-1-124)$$

沿程阻力系数 λ 由管流中雷诺数 Re 值确定，Re 由下式确定：

$$Re = \frac{v d_i}{\nu} \quad (2-1-125)$$

式中　ν ——注入水的运动黏度，$\nu = 10^{-6}\mathrm{m^2/s}$。

根据 Re 值确定注入水的流态，然后确定沿程阻力系数 λ（表 2-1-7）。

表 2-1-7　计算水力摩阻的经验公式

流态类型		Re 范围（$\varepsilon = \dfrac{2\Delta}{d_i}$）	经验公式
层流		$Re \leqslant 2000$	$\lambda = \dfrac{64}{Re}$
紊流	水力光滑	$2000 < Re \leqslant \dfrac{59.7}{\varepsilon^{8/7}}$	$\lambda = \dfrac{0.3164}{\sqrt[4]{Re}}$
	摩擦混合	$\dfrac{59.7}{\varepsilon^{8/7}} < Re \leqslant \dfrac{665 - 765\lg\varepsilon}{\varepsilon}$	$\dfrac{1}{\sqrt{\lambda}} = -1.8\lg\left[\dfrac{6.8}{Re} + \left(\dfrac{\Delta}{3.7d_i}\right)^{1.11}\right]$
	水力粗糙	$Re > \dfrac{665 - 765\lg\varepsilon}{\varepsilon}$	$\lambda = \dfrac{1}{\left(2\lg\dfrac{3.7d_i}{\Delta}\right)^2}$

油管的绝对粗糙度属于精制无缝钢 Δ 值，一般为 0.04～0.17，涂料油管为 $\Delta=0.04$；新油管为 $\Delta=0.05$；旧油管为 $\Delta=0.1$；根据表 2-1-7 计算得到油田常用 $2\dfrac{7}{8}$in 压裂管柱不同流态的雷诺数范围如表 2-1-8 所示。根据式（2-1-125）得到管柱压裂时的雷诺数，从表 2-1-7 中查的对应流态，再根据表 2-1-7 的经验公式得到沿程阻力系数 λ。

表 2-1-8　$2\dfrac{7}{8}$in 油管不同流态雷诺数范围

紊流流态	涂料油管	新油管	旧油管
水力光滑	$2000 < Re < 119683$	$2000 < Re < 92743$	$2000 < Re < 42000$
摩擦混合	$119683 < Re < 2228370$	$92743 < Re < 1736731$	$42000 < Re < 796976$
水力粗糙	$Re > 2228370$	$Re > 1736731$	$Re > 796976$

5) 压裂时管柱的轴向载荷

通过以上各种效应对压裂管柱的受力分析，得到压裂时管柱的轴向载荷及轴向应力为：

$$F_{zs}=F_1+F_2+F_3+F_4 \tag{2-1-126}$$

$$\sigma_{zs}=\sigma_1+\sigma_2+\sigma_3+\sigma_4 \tag{2-1-127}$$

（1）当上层压裂压力低于下层压裂压力，即套管压裂压力低于油管压裂压力时，压裂管柱内由于活塞效应、横向鼓胀效应、温差效应和摩阻效应引起的浮重载荷 F_g、锚定活塞预拉力 F_1、正鼓胀力 F_2、温差热载荷 F_3 和压裂摩擦阻力 F_4 分别采用式（2-1-93）、式（2-1-100）、式（2-1-112）、式（2-1-116）和式（2-1-121）进行计算；相应的锚定活塞预应力 σ_1、正鼓胀应力 σ_2、温差热应力 σ_3 和压裂摩擦阻应力 σ_4 分别采用式（2-1-111）、式（2-1-113）、式（2-1-117）和式（2-1-122）进行计算。

（2）当上层压裂压力高于下层压裂压力，即套管压裂压力高于油管压裂压力时，压裂管柱内由于浮重效应、活塞效应、横向鼓胀效应、温差效应和摩阻效应引起的浮重载荷 F_g、锚定活塞预拉力 F_1、反鼓胀力 F_2、温差热载荷 F_3 和压裂摩擦阻力 F_4 分别采用式（2-1-93）、式（2-1-110）、式（2-1-114）、式（2-1-116）和式（2-1-123）进行计算；相应的浮重应力 σ_g、锚定活塞预应力 σ_1、反鼓胀应力 σ_2、温差热应力 σ_3 和压裂摩擦阻应力 σ_4 分别采用式（2-1-94）、式（2-1-111）、式（2-1-115）、式（2-1-117）和式（2-1-124）进行计算。

6) 弯曲作用下完井管柱应力载荷

取水平井弯曲段内的一段裸眼完井管柱（套管）作为研究对象，其弯曲变形和受力状态如图 2-1-36 所示，M 为弯曲井段对套管施加的附加弯矩，p 为作用在套管外壁上等效外挤压力。由于本节主要研究在弯矩作用下套管柱剩余抗挤强度，不考虑轴向力作用。经过合理简化，假设：（1）套管轴线与井迹曲线平行；（2）套管材料为理想弹塑性材料。套管弯曲后会在弯曲内侧、外侧产生一个压应力和拉应力，且在弯曲内外侧的 A 点和 B 点分别达到

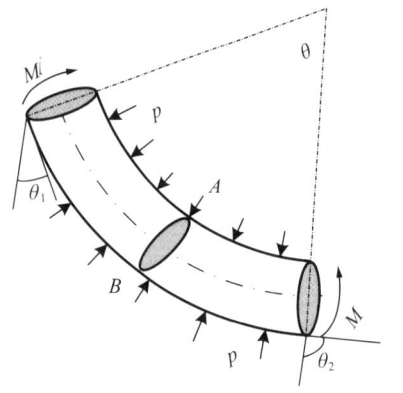

图 2-1-36 水平井弯曲段套管受力模型示意图

最大值，本节主要研究 B 点弯曲应力对套管剩余抗挤强度的影响（图 2-1-36）。同时，弯曲作用也会使得套管截面产生一个压扁量，影响套管剩余抗挤强度。由于弯曲作用产生的压扁量对套管剩余抗挤强度影响不大，所以本节在理论推导时不考虑压扁作用的影响。以弯曲段套管 AB 截面中心为原点建立 (ρ, θ, z) 柱坐标，则套管三向应力 σ_r、σ_θ 和 σ_z 分别为：

$$\sigma_r = -\frac{r_o^2}{r_o^2-r_i^2}\left(1-\frac{r_i^2}{r^2}\right)p_o \tag{2-1-128}$$

$$\sigma_\theta = -\frac{r_o^2}{r_o^2 - r_i^2}\left(1 + \frac{r_i^2}{r^2}\right)p_o \qquad (2-1-129)$$

$$\sigma_z = \frac{\pi E D k}{18000} \qquad (2-1-130)$$

Von Mises 屈服失效判别准则可以得到发生破坏时套管上等效应力：

$$\sigma_M = \sqrt{(\sigma_r - \sigma_\theta)^2 + (\sigma_\theta - \sigma_z)^2 + (\sigma_z - \sigma_r)^2} = \sqrt{\frac{3}{r^4}\left(\frac{r_i^2 r_o^2 p_o}{r_o^2 - r_i^2}\right)^2 + \left(\sigma_z + \frac{p_o r_o^2}{r_o^2 - r_i^2}\right)^2} \qquad (2-1-131)$$

由式（2-1-125）可知在最大应力点出现在套管内壁上，即 $r=r_i$，则内壁达到屈服时，外压 p_o 为：

$$p_o = \frac{\sigma_Y(r_o^2 - r_i^2)}{2r_o}\left[\sqrt{1 - 0.75\left(\frac{\sigma_z}{\sigma_Y}\right)^2} - 0.5\frac{\sigma_z}{\sigma_Y}\right] \qquad (2-1-132)$$

根据材料力学理论可以求解得到在外挤压力单独作用下外挤压力 p_c 与套管屈服极限强度间的关系为：

$$p_c = \frac{\sigma_Y(r_o^2 - r_i^2)}{2r_o} \qquad (2-1-133)$$

令

$$c = \sqrt{1 - 0.75\left(\frac{\sigma_z}{\sigma_Y}\right)^2} - 0.5\frac{\sigma_z}{\sigma_Y}$$

可以得到中短曲率半径水平井套管抗挤强度为：

$$p_o = c \cdot p_c \qquad (2-1-134)$$

以是各式中　　σ_r——套管径向应力，MPa；

σ_θ——套管周向应力，MPa；

σ_z——套管轴向应力，MPa；

r_o——套管外半径，m；

r_i——套管内半径，m；

p_o——套管外压，MPa；

p_c——套管临界外挤强度，MPa；

σ_Y——套管屈服应力，MPa。

7) 压裂过程封隔器的轴向载荷分析

压裂过程中，封隔器胶筒和锚爪受到压裂管柱的轴向作用力和封隔器上下压裂压差引起的套管环空活塞力：

$$F_T = F_{T1} + F_1 + F_2 + F_3 + F_4 \qquad (2-1-135)$$

$$F_{T1} = \frac{\pi}{4}\left(d_T^2 - d_o^2\right)(p_1 - p_2)$$

式中 F_{T1}——环空压差活塞力；

p_1——封隔器下层压裂压力，MPa；

p_2——封隔器上层压裂压力，MPa；

d_T——套管内径，m；

d_o——油管外径，m。

(1) 当上层压裂压力低于下层压裂压力，即套管压裂压力低于油管压裂压力时，锚定活塞预拉力 F_1，正鼓胀力 F_2，温差热载荷 F_3 和压裂摩擦阻力 F_4 分别采用式（2-1-110）、式（2-1-112）、式（2-1-116）和式（2-1-121）进行计算。

(2) 当上层压裂压力高于下层压裂压力，即套管压裂压力高于油管压裂压力时，锚定活塞预拉力 F_1，反鼓胀力 F_2，温差热载荷 F_3 和压裂摩擦阻力 F_4 分别采用式（2-1-110）、式（2-1-114）、式（2-1-116）和式（2-1-123）进行计算。

第二节　封隔器滑套压裂管柱强度校核

完井管柱在下入过程中尽管没有扭矩存在，但管柱在下入到弯曲段以后，由于刚度的存在而产生很大的弯矩，并且管柱要承受由于自身所受重力在轴向的分力。井眼是不规则的空间曲线，管柱在下放过程中会与井壁大面积接触。管柱要承受自身所受重力、下端压力、管柱与井壁间的接触力等的共同作用，管柱的受力属于拉压、弯曲和剪切等并存的组合变形，也属于接触问题。而且完井管柱受井眼轨迹的限制在短半径水平井的弯曲井段产生很大的弯曲刚度，更增大了管柱与井壁之间的接触压力。可能导致完井作业管柱设计抗挤和抗内压强度降低，使得在压裂作业过程中出现强度破坏。

一、常温下管柱强度校核

管柱在下入或压裂过程中，受到如下力的作用：

(1) 内压力是管柱内流体作用在管柱内壁上的压强，可由地面压强和流体静压强公式计算。

(2) 外挤力是管柱外部的钻井液或水泥石对管柱的压力。

(3) 轴向力是管柱在下入过程中由管柱自身所受重力、钻井液浮力和摩阻力共同作用的结果。

(4) 弯曲应力是由于井眼存在一定的曲率，管柱与井眼产生一致的弯曲变形而产生的应力。

1. 轴向应力

初始轴向载荷：

$$T_i = \rho_s g \pi \int_z^{l_c} \left(r_{co}^2 - r_{ci}^2\right)\cos\alpha \, dz + \pi\left[p_{ci}(L_c)r_{ci}^2 - p_{co}(L_c)r_{co}^2\right] \quad (2-2-1)$$

式中 T_i——初始轴向载荷,kN;

$p_{co}(L_c)$——套管下端的外挤力,MPa;

L_c——套管柱下入深度,m;

$p_{ci}(L_c)$——套管下端的内压力,MPa;

ρ_s——管柱的密度,kg/m³。

如果认为管柱的轴向应力是管柱在下入过程中,由于管柱的自身所受重力、摩阻和弯曲的作用下形成并保存下来,则可以采用管柱在下入过程中的轴向载荷进行计算。

在弯曲井段,由于井眼限制,管柱要发生弯曲,由于弯曲引起的轴向应力 σ_{z1} 为:

$$\sigma_{z1} = \pm \frac{EI}{\rho W_z} \qquad (2-2-2)$$

式中 ρ——井眼曲率半径;

W_z——管柱材料抗弯模量。

管柱上某截面最大轴向应力为:

$$\sigma_z = \frac{T_i}{A} \pm \frac{EI}{\rho W_z} \qquad (2-2-3)$$

式中 A——管柱壁厚截面积。

当 $T_i \geqslant 0$ 时,则管柱弯曲外侧为危险点,取"+"号;当 $T_i \leqslant 0$ 时,则管柱弯曲内侧为危险点,取"-"号。

2. 内压力和外挤力

管柱内压力和外压力的计算公式为:

$$p_i = p_{cic} + g \int_0^z \rho_{c1} \cos\alpha \, dz \qquad (2-2-4)$$

$$p_o = g \int_0^z \rho_{c2} \cos\alpha \, dz \qquad (2-2-5)$$

式中 p_i——管柱内压力,MPa;

p_o——管柱外压力,MPa;

p_{cic}——地面压力,MPa;

ρ_{c1},ρ_{c2}——管柱内外钻井液或液体密度,kg/m³。

3. 径向应力和环向应力

在内压力和外挤力作用下管柱的径向及环向应力分别为:

$$\sigma_r = \frac{p_i r_i^2 - p_o r_o^2}{r_o^2 - r_i^2} - \frac{(p_i - p_o) r_o^2 r_i^2}{(r_o^2 - r_i^2) r^2} \qquad (2-2-6)$$

$$\sigma_\theta = \frac{p_i r_i^2 - p_o r_o^2}{r_o^2 - r_i^2} + \frac{(p_i - p_o) r_o^2 r_i^2}{(r_o^2 - r_i^2) r^2} \qquad (2-2-7)$$

式中 σ_r——外挤力和内压力产生的径向压力,MPa;

σ_θ——外挤力和内压力产生的环向压力,MPa。

4. 管柱的强度校核

已知管柱的三向应力状态 σ_z,σ_r 和 σ_θ,就可以按照第三强度理论或第四强度理论对裸眼完井管柱进行强度校核。

1）第三强度理论进行强度校核

由第三强度理论，Tresca 应力为：

$$\sigma_{xd3} = \frac{1}{2}(\sigma_1 - \sigma_3) \quad (2-2-8)$$

当采用第三强度理论进行校核时，如果下式成立：

$$\frac{1}{2}(\sigma_1 - \sigma_3) \leqslant [\sigma] \quad (2-2-9)$$

则管柱处于安全状态。

2）第四强度理论进行强度校核

由第四强度理论，Mises 应力为：

$$\sigma_{xd4} = \frac{\sqrt{2}}{2}\sqrt{(\sigma_r - \sigma_\theta)^2 + (\sigma_\theta - \sigma_z)^2 + (\sigma_z - \sigma_r)^2} \quad (2-2-10)$$

当采用第四强度理论进行校核时，如果下式成立：

$$\frac{\sqrt{2}}{2}\sqrt{(\sigma_r - \sigma_\theta)^2 + (\sigma_\theta - \sigma_z)^2 + (\sigma_z - \sigma_r)^2} \leqslant [\sigma] \quad (2-2-11)$$

则管柱处于安全状态。

二、考虑管柱和地层的热应力时强度校核

在温度升高时管柱受热伸长，而冷却时缩短。在没有固井的情况下，管柱两端固定死，受热后的轴向热应力为：

$$\sigma_z = \alpha_c E \Delta T_c \quad (2-2-12)$$

当管柱外水泥固井，管柱的热应力可以根据弹性力学进行计算。

轴对称的热弹性力学基本方程：

平衡微分方程

$$\begin{cases} \dfrac{\partial \sigma_r}{\partial r} + \dfrac{\partial \tau_{rz}}{\partial z} + \dfrac{\sigma_r - \sigma_\theta}{r} = 0 \\ \dfrac{\partial \tau_{rz}}{\partial r} + \dfrac{\partial \sigma_z}{\partial z} + \dfrac{\tau_{rz}}{r} = 0 \end{cases} \quad (2-2-13)$$

几何方程

$$\begin{cases} \varepsilon_r = \dfrac{\partial u_r}{\partial r},\ \varepsilon_\theta = \dfrac{u_r}{r},\ \varepsilon_z = \dfrac{\partial w}{\partial z} \\ \gamma_{rz} = \dfrac{\partial u_r}{\partial z} + \dfrac{\partial w}{\partial r} \end{cases} \quad (2-2-14)$$

物理方程

$$\begin{cases} \sigma_r = \dfrac{E}{1+\mu}\left(\dfrac{\mu}{1-2\mu}\theta+\varepsilon_r\right) - \dfrac{\alpha ET}{1-2\mu} \\ \sigma_\theta = \dfrac{E}{1+\mu}\left(\dfrac{\mu}{1-2\mu}\theta+\varepsilon_\theta\right) - \dfrac{\alpha ET}{1-2\mu} \\ \sigma_z = \dfrac{E}{1+\mu}\left(\dfrac{\mu}{1-2\mu}\theta+\varepsilon_z\right) - \dfrac{\alpha ET}{1-2\mu} \\ \tau_{rz} = \dfrac{E}{2(1+\mu)}\gamma_{rz} \end{cases} \quad (2\text{-}2\text{-}15)$$

对于轴对称的圆筒热应力问题，我们知道轴向位移 $W=0$，径向位移 u_r 仅依赖于 r，这样可以得到：

平衡方程

$$\frac{\mathrm{d}\sigma_r}{\mathrm{d}r} + \frac{\sigma_r - \sigma_\theta}{r} = 0 \quad (2\text{-}2\text{-}16)$$

几何方程

$$\varepsilon_r = \frac{\mathrm{d}u_r}{\mathrm{d}r}, \quad \varepsilon_\theta = \frac{u_r}{r} \quad (2\text{-}2\text{-}17)$$

物理方程

$$\begin{cases} \sigma_r = \dfrac{E}{1+\mu}\left(\dfrac{\mu}{1-2\mu}\theta+\varepsilon_r\right) - \dfrac{\alpha E\Delta T}{1-2\mu} \\ \sigma_\theta = \dfrac{E}{1+\mu}\left(\dfrac{\mu}{1-2\mu}\theta+\varepsilon_\theta\right) - \dfrac{\alpha E\Delta T}{1-2\mu} \\ \sigma_z = \dfrac{E\mu}{(1+\mu)(1-2\mu)}\theta - \dfrac{\alpha E\Delta T}{1-2\mu} \end{cases} \quad (2\text{-}2\text{-}18)$$

式中：

$$\theta = \varepsilon_r + \varepsilon_\theta$$

将式（2-2-17）代入式（2-2-18）后，再将式（2-2-18）代入式（2-2-16）后可以得到径向位移：

$$\mu_r = \frac{1+\mu}{1-\mu} \cdot \frac{\alpha}{r} \int_{r_i}^{r} \Delta T r \mathrm{d}r + C_1 r + \frac{C_2}{r} \quad (2\text{-}2\text{-}19)$$

由于套管壁与地层相比很小，可以认为套管的温度为常数，这样套管柱热应力和热位移的通解为：

$$\begin{cases} u_{\mathrm{cr}} = \dfrac{1+\mu_{\mathrm{c}}}{1-\mu_{\mathrm{c}}} \cdot \dfrac{\alpha_{\mathrm{c}} \Delta T_{\mathrm{c}}}{2r}\left(r^2 - r_{\mathrm{ci}}^2\right) + C_{\mathrm{c1}} r + \dfrac{C_{\mathrm{c2}}}{r} \\[4pt]
\sigma_{\mathrm{cr}} = -\dfrac{\alpha_{\mathrm{c}} E_{\mathrm{c}} \Delta T_{\mathrm{c}}}{2(1-\mu_{\mathrm{c}})}\left(1-\dfrac{r_{\mathrm{ci}}^2}{r^2}\right) + \dfrac{E_{\mathrm{c}}}{1+\mu_{\mathrm{c}}}\left(\dfrac{C_{\mathrm{c1}}}{1-2\mu_{\mathrm{c}}} - \dfrac{C_{\mathrm{c2}}}{r^2}\right) \\[4pt]
\sigma_{\mathrm{c\theta}} = -\dfrac{\alpha_{\mathrm{c}} E_{\mathrm{c}} \Delta T_{\mathrm{c}}}{2(1-\mu_{\mathrm{c}})}\left(1+\dfrac{r_{\mathrm{ci}}^2}{r^2}\right) + \dfrac{E_{\mathrm{c}}}{1+\mu_{\mathrm{c}}}\left(\dfrac{C_{\mathrm{c1}}}{1-2\mu_{\mathrm{c}}} + \dfrac{C_{\mathrm{c2}}}{r^2}\right) \\[4pt]
\sigma_{\mathrm{cz}} = -\dfrac{\alpha_{\mathrm{c}} E_{\mathrm{c}} \Delta T_{\mathrm{c}}}{1-\mu_{\mathrm{c}}} + \dfrac{2\mu_{\mathrm{c}} E_{\mathrm{c}} C_{\mathrm{c1}}}{(1+\mu_{\mathrm{c}})(1-2\mu_{\mathrm{c}})} \\[4pt]
(r_{\mathrm{ci}} \leqslant r \leqslant r_{\mathrm{co}}) \end{cases} \quad (2-2-20)$$

$$\Delta T_{\mathrm{c}} = T_{\mathrm{r}}(z, r_{\mathrm{ci}}, t) - T_{\mathrm{r}}(z, r_{\mathrm{ci}}, 0)$$

式中 ΔT_{c}——管柱的温升，K；

u_{cr}——管柱的径向热位移，m；

$\sigma_{\mathrm{c\theta}}$——管柱环向热应力，MPa；

μ_{c}——管柱材料的泊松比，无量纲；

σ_{cz}——管柱轴向热应力，MPa；

α_{c}——套管钢材热膨胀系数，K^{-1}；。

σ_{cr}——管柱径向热应力，MPa；

$T_{\mathrm{r}}(z, r_{\mathrm{ci}}, t)$——注汽后套管温度，K；

$T_{\mathrm{r}}(z, r_{\mathrm{ci}}, 0)$——注汽前套管温度，K；

C_{c1}，C_{c2}——常量系数，无量纲。

地层热应力和热位移的通解为：

$$\begin{cases} u_{\mathrm{fr}} = \dfrac{1+\mu_{\mathrm{f}}}{1-\mu_{\mathrm{f}}} \cdot \dfrac{\alpha_{\mathrm{f}}}{r} \int_{\mathrm{co}}^{r} \Delta T_{\mathrm{f}} r \mathrm{d}r + C_{\mathrm{f1}} r + \dfrac{C_{\mathrm{f2}}}{r} \\[4pt]
\sigma_{\mathrm{fr}} = -\dfrac{\alpha_{\mathrm{f}} E_{\mathrm{f}}}{(1-\mu_{\mathrm{f}}) r^2} \int_{\mathrm{co}}^{r} \Delta T_{\mathrm{f}} r \mathrm{d}r + \dfrac{E_{\mathrm{f}}}{1+\mu_{\mathrm{f}}}\left(\dfrac{C_{\mathrm{f1}}}{1-2\mu_{\mathrm{f}}} - \dfrac{C_{\mathrm{f2}}}{r^2}\right) \\[4pt]
\sigma_{\mathrm{f\theta}} = \dfrac{\alpha_{\mathrm{f}} E_{\mathrm{f}}}{(1-\mu_{\mathrm{f}})}\left(\dfrac{1}{r^2}\int_{\mathrm{co}}^{r} \Delta T_{\mathrm{f}} r \mathrm{d}r - \Delta T_{\mathrm{f}}\right) + \dfrac{E_{\mathrm{f}}}{1+\mu_{\mathrm{f}}}\left(\dfrac{C_{\mathrm{f1}}}{1-2\mu_{\mathrm{c}}} + \dfrac{C_{\mathrm{f2}}}{r^2}\right) \\[4pt]
\sigma_{\mathrm{fz}} = -\dfrac{\alpha_{\mathrm{f}} E_{\mathrm{f}} \Delta T_{\mathrm{f}}}{1-\mu_{\mathrm{f}}} + \dfrac{2\mu_{\mathrm{f}} E_{\mathrm{f}} C_{\mathrm{f1}}}{(1+\mu_{\mathrm{f}})(1-2\mu_{\mathrm{f}})} \\[4pt]
(r_{\mathrm{co}} \leqslant r < \infty) \end{cases} \quad (2-2-21)$$

$$\Delta T_{\mathrm{f}} = T(z, r, t) - T(z, r, 0)$$

式中 ΔT_{f}——地层的温升，K；

u_{fr}——地层的热位移，m；

σ_{fq}——地层周向热应力，MPa；

u_f——地层材料的泊松比，无量纲；

σ_{fz}——地层轴向热应力，MPa；

α_f——地层材料热膨胀系数，K^{-1}；

σ_{fr}——地层径向热应力，MPa；

$T(z, r, t)$——注汽后地层温度，K；

$T(z, r, 0)$——注汽前地层温度，K；

C_{f1}，C_{f2}——系数常量，无量纲。

边界条件和连续条件为：

（1）管柱内壁径向热应力为0，即：

$$\sigma_{cr}\big|_{r=r_{ci}} = 0 \tag{2-2-22}$$

（2）在管柱与地层相接处，径向应力相等：

$$\sigma_{cr}\big|_{r=r_{co}} = \sigma_{fr}\big|_{r=r_{co}} \tag{2-2-23}$$

（3）由于温升范围有限，地层无穷远处径向应力为0，即：

$$\sigma_{fr}\big|_{r\to\infty} = 0 \tag{2-2-24}$$

（4）套管与地层相接处，径向位移相等：

$$u_{cr}\big|_{r=r_{co}} = u_{fr}\big|_{r=r_{co}} \tag{2-2-25}$$

利用边界条件（1），求得：

$$C_{c2} = C_{c1}r_{ci}^2/(1-\mu_c)$$

利用边界条件（3），求得：

$$C_{f1} = 0$$

再利用连续条件，得：

$$C_{c1} = \frac{\alpha_c \Delta T_c (1-2\mu_c)(r_{co}^2 - r_{ci}^2)\left(\dfrac{E_c}{E_f} - \dfrac{1+\mu_c}{1+\mu_f}\right)}{2(1-\mu_c)\left[\dfrac{E_c}{E_f} \cdot \dfrac{r_{co}^2 - r_{ci}^2}{1+\mu_c} + \dfrac{(1-2\mu_c)r_{co}^2 - r_{ci}^2}{1+\mu_f}\right]} \tag{2-2-26}$$

为此：

$$\begin{cases} u_{cr} = \dfrac{1+\mu_c}{1-\mu_c} \cdot \dfrac{\alpha_c \Delta T_c}{2r}\left(r^2 - r_{ci}^2\right) + C_{c1}\left[r + \dfrac{r_{ci}^2}{(1-2\mu_c)r}\right] \\ \sigma_{cr} = \left[-\dfrac{\alpha_c E_c \Delta T_c}{2(1-\mu_c)} + \dfrac{E_c C_{c1}}{(1+\mu_c)(1-2\mu_c)}\right]\left(1 - \dfrac{r_{ci}^2}{r^2}\right) \\ \sigma_{r\theta} = \left[-\dfrac{\alpha_c E_c \Delta T_c}{2(1-\mu_c)} + \dfrac{E_c C_{c1}}{(1+\mu_c)(1-2\mu_c)}\right]\left(1 + \dfrac{r_{ci}^2}{r^2}\right) \\ \sigma_{cz} = -\dfrac{\alpha_c E_c \Delta T_c}{1-\mu_c} + \dfrac{2\mu_c E_c C_{c1}}{(1+\mu_c)(1-2\mu_c)} \\ (r_{ci} \leqslant r \leqslant r_{co}) \end{cases} \qquad (2-2-27)$$

套管的受力状态：

①管柱的径向应力：$\sigma_r = \sigma_{r1} + \sigma_{r2}$

②管柱的周向应力：$\sigma_\theta = \sigma_{\theta 1} + \sigma_{\theta 2}$

③管柱的轴向应力：$\sigma_z = \sigma_{z1} + \sigma_{z2}$

由以上理论分析所得结果，采用Mises强度校核条件，如果满足：

$$\frac{1}{\sqrt{2}}\sqrt{(\sigma_r - \sigma_\theta)^2 + (\sigma_\theta - \sigma_z)^2 + (\sigma_z - \sigma_r)^2} \leqslant [\sigma] \qquad (2-2-28)$$

则套管柱处于安全状态。

三、封隔器滑套压裂管柱强度校核实例

压裂过程中，锚定时作用于压裂管柱内壁的活塞效应和鼓胀效应所产生的应力和变形成为锚爪以上管柱的预拉力和预变形。压裂过程中，锚定段压裂管柱将会产生摩阻效应、温差效应和横向鼓胀（反鼓胀）效应。以PY35-2-6井为例分析了单一管柱、复合管柱压裂作业过程中的受力和变形规律。并综合不同控制条件（油管三维Mises应力、管体和接箍抗拉强度）对管柱的影响，对水平井压裂管柱的强度进行校核，为提高井下管柱在增产措施过程中使用的成功率和使用效果，改善管柱的受力状况提出有益建议。

1. PY35-2-6井况概述

PY35-2-6井深为4000m，封隔器位于井深3980m，底部球座位于井深4000m，上段管柱：深度2500m，钢级N80，油管屈服极限为552MPa。上段油管外径88.9mm，油管壁厚6.45mm，管体和接箍的抗拉强度分别为920kN，线重为13.69kg/m。下段油管油管外径73mm，油管壁厚5.51mm，管体和接箍的抗拉强度分别为645kN，线重为9.52kg/m。水力锚锚定压力为4MPa，封隔器坐封压力为15MPa，地层温度为120℃，地面平均温度为20℃，地层原油密度为0.7589g/cm³。

1）单一管柱分析

单一管柱压裂作业时，需考虑管柱浮重载荷、浮重应力、浮重位移、活塞载荷、活塞应力、活塞位移、鼓胀应力、温差载荷、温差应力、摩阻载荷和摩阻应力等得到轴向载荷、

轴向应力、Mises应力（即当量应力）等参数情况。综合管柱材料强度计算出管柱抗拉安全系数和等效Mises安全系数，为综合评定压裂作业油管柱的安全提供了参考和依据。

（1）输入计算参数。单一油管柱压裂计算输入参数见表2-2-1。

表2-2-1 单一油管柱压裂计算输入参数

油管钢级	N80	井口温度，℃	20
屈服极限强度，MPa	552	地温梯度，℃/m	0.0038
油管抗拉强度，kN	920	压裂液温度，℃	20
接箍抗拉强度，kN	920	井温流态梯度，℃/m	0.0028
油管外径，mm	88.9	压裂液密度，g/cm³	1.03
油管壁厚，mm	6.45	井口压力，MPa	50
油管质量，kg/m	13.69	环空压力，MPa	20
封隔器密封腔直径，mm	150	环空液密度，g/cm³	1.2
油管弹性模量，GPa	186	排量，m³/min	5.3
油管泊松比	0.28	压裂液黏度，mPa·s	120
油管安全系数	1.2	套管内径，mm	159.42
锚定压力，MPa	4	油套管间的摩擦系数	0.23
封隔器位置，m	3980	底部球座深，m	4000

（2）输出计算结果分析，如图2-2-1至图2-2-4所示。

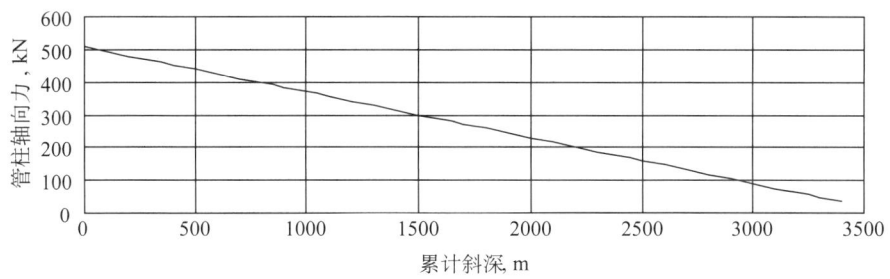

图2-2-1 管柱压裂过程中轴向载荷图

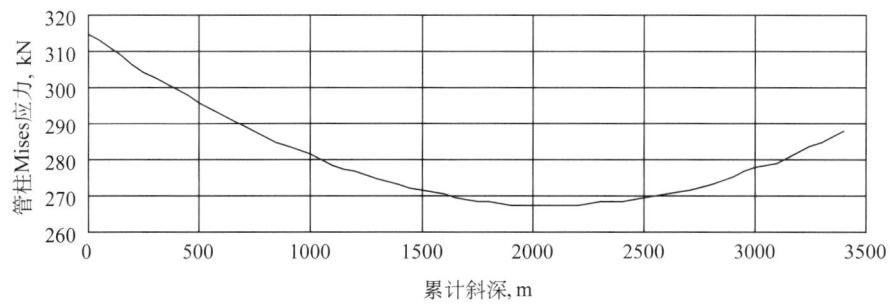

图2-2-2 管柱压裂过程中Mises应力载荷图

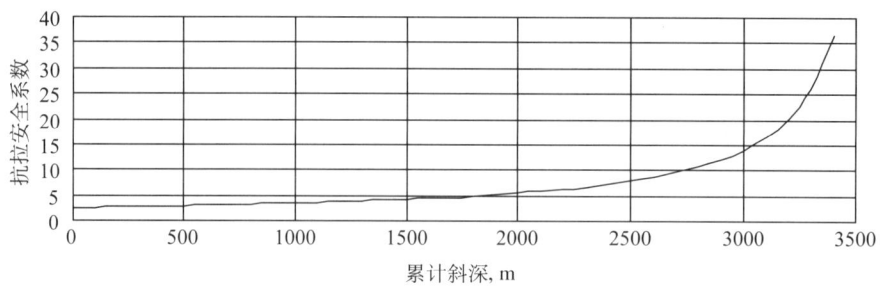

图 2-2-3 管柱体、接头抗拉安全系数与斜深关系

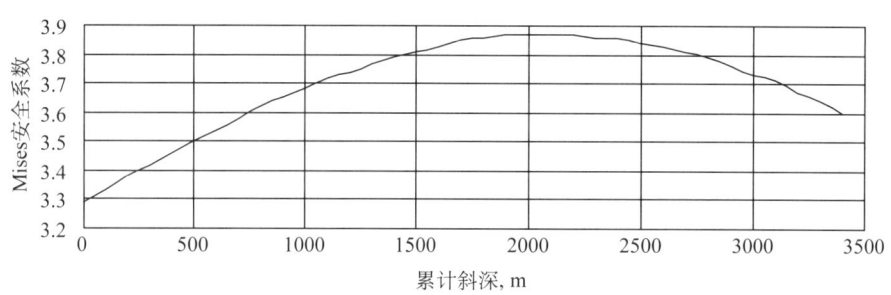

图 2-2-4 管柱等效 Mises 安全系数与斜深关系

通过计算可知,在压裂过程中,管柱应力最大位置还在井口处。Mises 应力为 314.86MPa,安全系数为 2.43,轴向载荷为 610.37kN,管体和接箍抗拉安全系数为 1.5,在安全范围内,说明 PY35-2-6 井在当前尺寸和钢级下油管柱压裂过程中是安全可靠的。

2)复合管柱受力分析

考虑到现场实际压裂过程中,为了优化管柱受力,合理利用资源,对管柱串采用复合配置。在上段管柱中,考虑到管柱自身所受重力大,选用钢级和壁厚比较大的油管,在下部管柱中选用壁厚较小、钢级较低的油管。全面分析复合管柱在压裂过程中的力学性能,计算了管柱浮重载荷、浮重应力、浮重位移、活塞载荷、活塞应力、活塞位移、鼓胀应力、温差载荷、温差应力、摩阻载荷、摩阻应力、轴向载荷、轴向应力、Mises 应力(即当量应力)等参数。

(1)输入计算参数。复合油管柱压裂计算输入参数见表 2-2-2。

表 2-2-2 复合油管柱压裂计算输入参数

下段油管抗拉强度,kN	645.0	锚定压力,MPa	4.0
下段油管接箍抗拉强度,kN	645.0	封隔器位置,m	3980.0
下段油管外径,mm	73.00	底部球座深,mm	4000.0
下段油管壁厚,mm	5.51	井口温度,℃	22.0
下段油管质量,kg/m	9.52	地温梯度,℃/100m	0.38
下段油管弹性模量,GPa	186.0	井温流态梯度,℃/100m	0.28
下段油管泊松比	0.27	洗井液密度,g/cm³	1.05

续表

下段油管设计安全系数	1.10	套管内径，mm	0.00
上段油管抗拉强度，kN	920.0	封隔器密封腔外径，mm	150.00
上段接箍抗拉强度，kN	920.0	井口压力，MPa	70.00
上段油管外径，mm	88.90	压裂液密度，g/cm³	1.03
上段油管壁厚，mm	6.45	油套环空压力，MPa	20.0
上段油管质量，kg/m	13.7	排量，m³/min	4.20
上段油管弹性模量，GPa	186.0	压裂液黏度，mPa.s	300.0
上段油管泊松比	0.3	油套间摩擦系数，mm	0.23
上段油管设计安全系数	1.05	压裂液温度，℃	23.0
上段油管柱深度，m	2500.0		

（2）输出计算结果，如图2-2-5至图2-2-8所示。

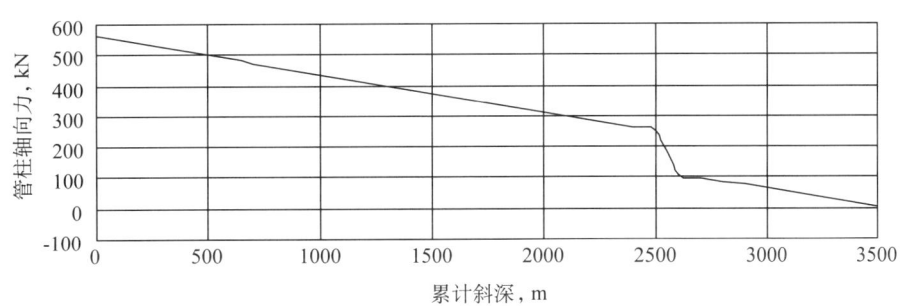

图2-2-5 管柱压裂过程中轴向载荷图

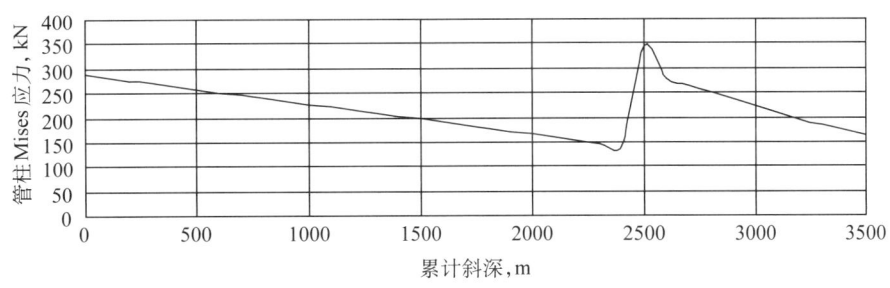

图2-2-6 管柱压裂过程中Mises应力载荷图

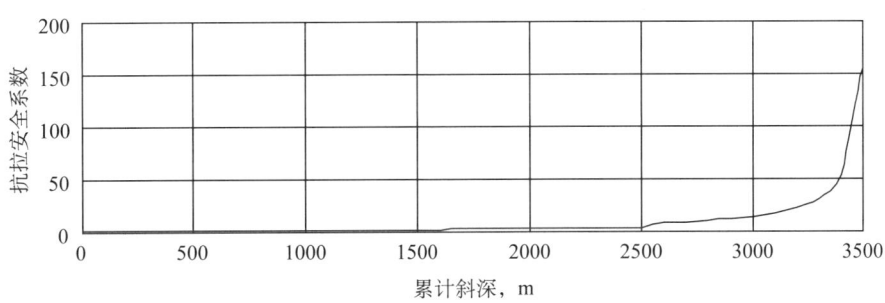

图2-2-7 管柱体、接头抗拉安全系数与斜深关系

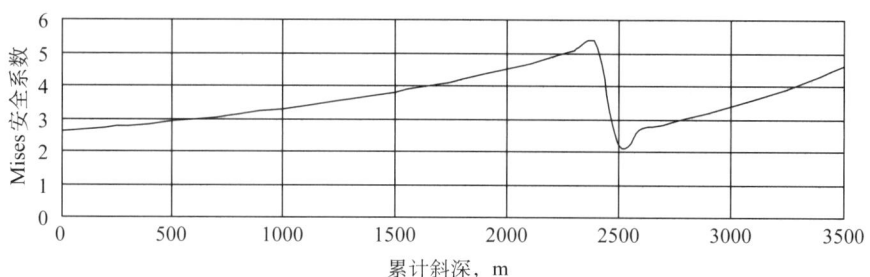

图 2-2-8 管柱等效 Mises 安全系数与斜深关系

在压裂过程中,复合油管柱应力最大位置仍然在井口处。Mises 应力为 289.14MPa,安全系数为 3.03,同时,上下段管柱连接处为管柱另一薄弱点,安全系数为 1.82。轴向载荷在井口为 557.21kN,管体和接箍抗拉安全系数为 1.65,比单一管柱时的安全系数要大,因为复合管柱减少了油管柱的自重,优化了管柱受力。计算表明 PY35-2-6 井在当前尺寸和钢级下管柱压裂过程中是安全可靠的。同时,上下段管柱接头处是管柱的一个危险点,接头处的安全系数为 2.17。

通过单一管柱与复合管柱计算结果分析可知,PY35-2-6 井油管柱在压裂施工过程中,由于油管柱自重的作用,在井口处轴向应力和 Mises 应力最大,为危险点,在油管柱设计计算中应给予重点考虑。对于复合油管柱,在上下段油管接头处由于变径影响,降低了管柱的安全系数,在油管柱设计中需要进行验证。根据 PY35-2-6 井现场提供的油管参数和压裂参数计算可知,PY35-2-6 油管柱是安全可靠的,可以满足生产需要。

第三章 封隔器滑套分段压裂管柱及工具

封隔器滑套分段压裂管柱及工具是水平井封隔器滑套分段压裂技术的核心，本章详细介绍了封隔器滑套分段压裂管柱及工具，包括套管内封隔器滑套分段压裂和裸眼封隔器滑套分段压裂的典型管柱功能、管柱连接及管柱特点，关键工具的结构及技术指标。

第一节 套管内封隔器滑套分段压裂管柱及工具

套管内封隔器滑套于2006年研发，为提高井下工具动作安全可靠性，封隔器设计为液压坐封、液压解封的Y444型封隔器，但套管内封隔器滑套分段压裂工艺技术的压裂段数级差排布受到限制，一趟管柱最多压裂6段，经过理论计算和长期现场试验，为了进一步提高水平井压裂段数，将液压解封改进为上提解封即Y441型封隔器，从而使压裂段数提高到12段。通过三孔滑套的研发，又使压裂段数提高至15段。在Y441型封隔器类型基础上，为了简化封隔器结构，减少双向卡瓦的使用，方便在水平井中顺利起出压裂管柱，研发了Y341型封隔器压裂管柱，从而提高了水平井起管柱效率。

一、套管内封隔器滑套分段压裂管柱

套管内封隔器滑套分段压裂管柱初级阶段管柱类型由一支Y444型封隔器组成，可一次管柱压裂2段；现已发展到由Y445型封隔器与Y441型封隔器组合的压裂管柱类型，可最大压裂15段，其过程历经了Y444型压裂管柱、Y441型压裂管柱和Y341型压裂管柱三种类型管柱。

1.Y444型压裂管柱
1）管柱功能
套管水泥固井完井水平井采取从趾端到跟端顺序射孔、压裂的方式作业。首先，下入射孔枪，同时射开趾端的两段压裂井段，起出射孔枪；按照设计连接管柱下入预定深度，油管加液压完成封隔器坐封，再提高压力等级打掉定压滑套，打开压裂下部层段通道，压裂下部层段；投胶塞封堵第一段通道，打开第二段压裂通道，进行第二段压裂，压裂结束后，投胶塞解封封隔器，冲砂、洗井，起出压裂管柱。

2）管柱连接及示意图
Y444型水平井套管内单封双压管柱主要部件由井口投球器、SPAQJT-102安全接头、Y444-114（148）封隔器、定压喷砂器等配套工具组成。

管柱组成：井口投球器、油管挂、$2\frac{7}{8}$in油管、SPAQJT-102安全接头、上部保护封隔器、Y444-114（148）封隔器、定压滑套。

管柱示意图如图3-1-1所示。

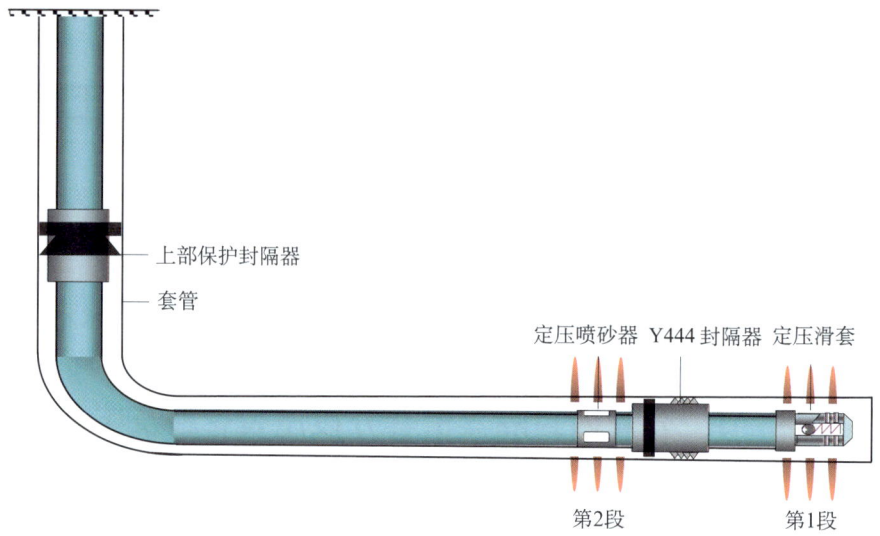

图 3-1-1　Y444-114（148）型组合两段分压管柱

3）管柱特点

（1）具有不动管柱施工的特性。水平井封隔器滑套分段压裂可以实现不动管柱一次性压裂施工 2 段的优点，具有安全、可靠、高效的特点，适合低渗透油田水平井油井套管内机械分段压裂，选择性大、针对性强、耐温、耐压级别高。

（2）可以提高水平井机械分段压裂施工效率。水平井滑套多段压裂工艺技术在水平井分射分压工艺的基础上，提高了水平井分段压裂施工的效率。

4）管柱局限性

（1）压裂上部层段时井口承压等级高于最高施工压力。压裂上部层段时井口承压，因此压裂上部层段时井口承压等级高于最高施工压力。

（2）水平井长井段多段压裂需要多趟管柱。水平井单封双压管柱一趟管柱只能压裂两段，水平井长井段多段压裂需要起下多趟管柱，需要进一步提高施工效率。

2. Y441 型压裂管柱

1）管柱功能

水平井套管水泥固井完井采取从趾端到跟端顺序射孔、压裂的方式作业。首先，下入射孔枪，射开趾端处的压裂井段，起出射孔枪；按照设计连接管柱下入至预定深度，油管注液加压完成多级封隔器坐封，再提高压力等级打掉定压滑套，打开压裂下部层段通道，完成第 1 段压裂；投球封堵底部通道，打开第 2 段通道，压裂第 2 段；按照上述顺序完成后续层段压裂。所有层段压裂完成后，冲砂、洗井，视生产需求确定是否提出压裂管柱。

2）管柱连接及示意图

Y441 型水平井套管内整体式多段压裂管柱主要部件由井口投球器、SPAQJT-102 安全接头、上部保护封隔器、Y441-114（148）封隔器、定压喷砂器等配套工具组成。

管柱组成：井口投球器、油管挂、$2\frac{7}{8}$in 油管、SPAQJT-102 安全接头、Y441-114（148）封隔器、定压滑套。

管柱示意图如图 3-1-2 所示。

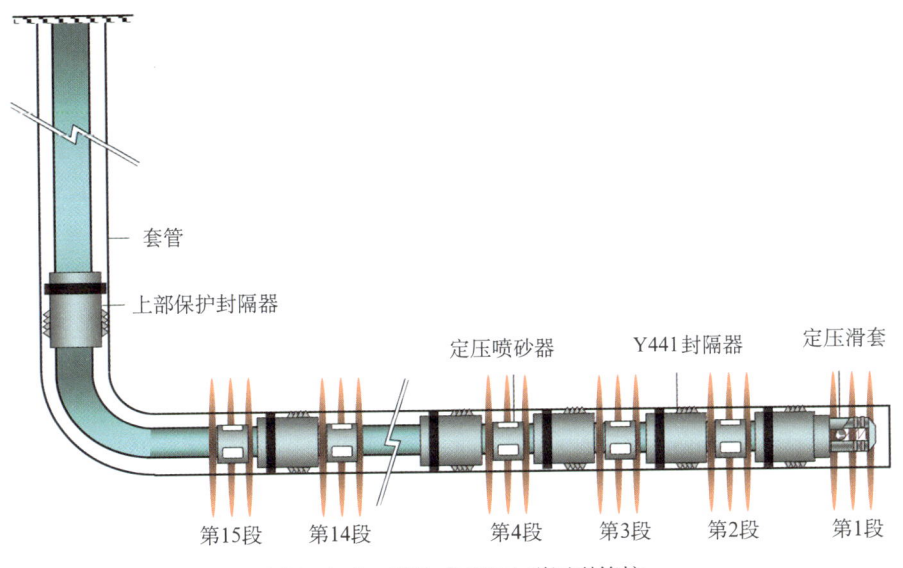

图 3-1-2　整体式 Y441 型压裂管柱

Y441 型水平井套管内可丢手式多段压裂管柱主要部件由井口投球器、SPAQJT-102 安全接头、Y441-114（148）封隔器、脱开装置、定压喷砂器等配套工具组成。

管柱组成：井口投球器、油管挂、$2\frac{7}{8}$in 油管、SPAQJT-102 安全接头、Y445-114（148）封隔器、Y441-114（148）封隔器、定压滑套。

管柱示意图如图 3-1-3 所示。

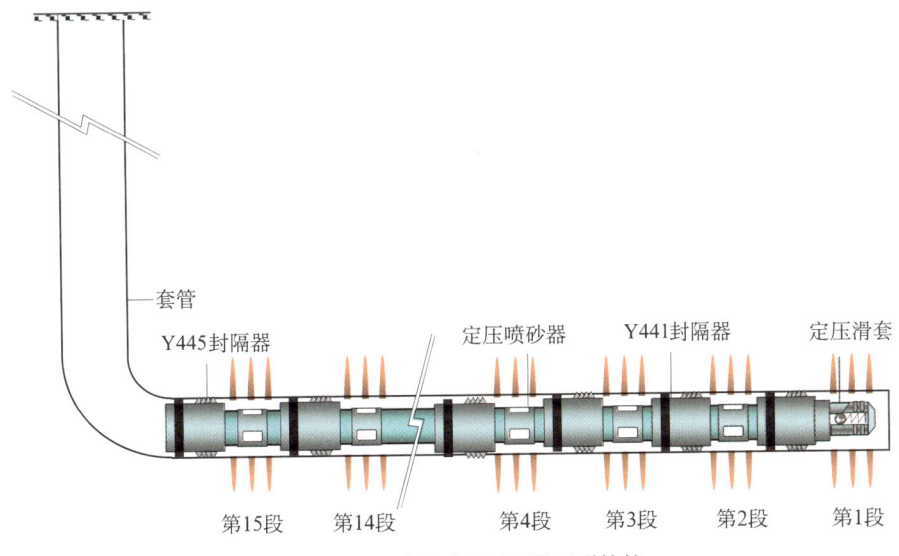

图 3-1-3　丢手式 Y441 型压裂管柱

3）管柱特点

（1）具有不动管柱施工的特性。水平井封隔器滑套分段压裂可以实现不动管柱一次性压裂施工 15 段，具有安全、可靠、高效的特点，适合低渗透油田水平井油井套管内机械分段压裂，选择性大、针对性强、耐温、耐压级别高。

（2）可以提高水平井机械分段压裂施工效率。水平井封隔器滑套分段压裂工艺技术在水平井单封双压（Y444型）工艺的基础上，提高了水平井分段压裂施工的效率。以2000m井深计算，水平井单井一次性压裂15段可以缩短投产时间至少1周。

（3）工艺管柱两封隔器之间设计4～6t遇阻脱开装置。水平井压裂洗井冲砂较为困难，两封隔器之间难免存在压裂砂，起管柱容易造成砂卡，为了避免造成大修事故，设计两封隔器之间遇阻4～6t脱开机构。

（4）施工成本进一步降低。随着水平井封隔器滑套分段压裂施工效率的提高，利用水平井封隔器滑套分段压裂工艺相比环空分射分压工艺技术，射孔次数、作业次数以及压裂次数都明显减少，因此费用上明显降低。以水平井单井投产一次性压裂15段计算，单井则可节约费用合计达90万元以上。

（5）储层伤害进一步降低。利用水平井不动管柱实现一次性15段分压，施工效率提高后，压裂液在储层中滞留时间由24天可以减少到3天甚至一天，减少了储层伤害，有利于水平井单井产能的提高。

（7）工人的劳动强度逐步降低。应用一次性15段分压工艺技术后，作业人员起下管柱次数相比之前明显减少，仅射孔及压裂工具的起下单井则少起下6趟以上，极大程度地降低了劳动强度。

3. Y341型压裂管柱

1）管柱功能

使用Y341型压裂管柱工艺压裂施工，打开压裂下部层段通道作业工序与Y441型压裂管柱工艺相同，然后投球使Y445封隔器完成丢手，起出丢开管柱，压裂下部层段；投球封堵底部通道，打开压裂上一层段通道，压裂上一层；所有压裂层段施工完成后，下生产管柱生产，当需要起管柱时，下专用打捞工具到打捞位置，反洗井后起出压裂管柱；起管柱遇卡丢开下封，下入打捞工具捞出下封隔器。

2）管柱示意图

水平井套管内Y341型压裂管柱主要部件由井口投球器、Y445封隔器、Y341封隔器、Y441封隔器、定压滑套等配套工具组成。

管柱示意图如图3-1-4所示。

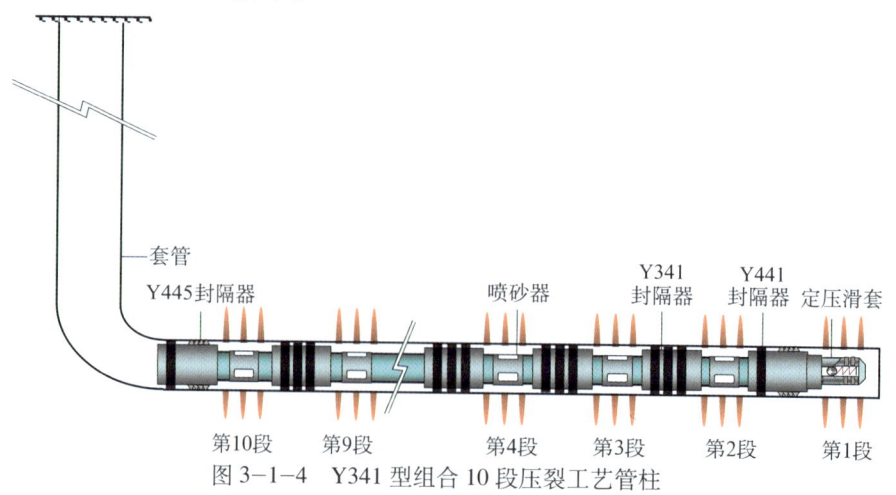

图3-1-4　Y341型组合10段压裂工艺管柱

3) 管柱特点

(1) 具有不动管柱施工的特性。水平井封隔器滑套分段压裂可以实现不动管柱一次性压裂施工 10 段的优点,具有安全、可靠、高效的特点,适合低渗透油田水平井油井套管内机械分段压裂,选择性大、针对性强、耐温、耐压级别高。

(2) 可以提高水平井机械分段压裂施工效率。水平井封隔器滑套分段压裂工艺技术在水平井单封双压（Y441 型）工艺的基础上,提高了水平井分段压裂施工的效率。

(3) 封隔器坐封后,管柱丢开可实现套管压裂,满足大排量、中深井施工。

(4) Y445+Y341+Y441 组合可减小起管柱难度。Y445+Y341+Y441 组合中 Y341 型封隔器无卡瓦结构,可减小起管柱难度。

(5) 工艺管柱两封隔器之间设计 4~6t 遇阻脱开装置。水平井压裂洗井冲砂较为困难,两封隔器之间难免存在压裂砂,起管柱容易造成砂卡,为了避免大修事故的发生,设计两封隔器之间遇阻 4~6t 脱开机构。

(6) 施工成本进一步降低。随着水平井封隔器滑套分段压裂施工效率的提高,利用水平井封隔器滑套分段压裂工艺相比环空分射分压工艺技术,射孔次数、作业次数以及压裂次数都明显减少,因此费用上明显降低。以水平井单井投产一次性压裂 10 段计算,单井则可节约费用达 60 万元以上。

(7) 储层伤害进一步降低。利用水平井不动管柱一次性实现 10 段分压工艺,施工效率提高后,压裂液在储层中滞留时间由 24 天缩短至 3 天,减少了储层伤害,有利于水平井单井产能的提高。

(8) 工人的劳动强度逐步降低。应用 10 段分压工艺后,作业人员起下管柱次数相比之前明显减少,仅射孔及压裂工具的起下单井则少起下 6 趟以上,极大程度地降低了工人的劳动强度。

二、套管内封隔器滑套分段压裂工具

1. Y444 型压裂管柱中压裂工具

1) 井口专用投球器

水平井由于其特殊的井身结构,普通直井用钢球难以在水平段将其投送到滑套设计位置,因此设计了专用的轻质球。在常规直井压裂过程中,投钢球需要拆卸地面管线,为了地面施工安全,针对水平井套管内压裂封隔器设计了地面井口专用投球器（图 3-1-5）,可以不动管柱完成投球过程,整个过程方便、快捷、安全。

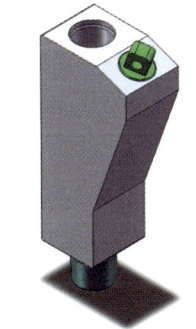

图 3-1-5 地面井口专用投球器图

工艺技术特点：不用拆卸地面管线、操作过程方便、快捷、安全。

技术指标：耐压 105MPa。

2) 压裂胶塞

由于直井常用打落滑套的钢球或铜球无法在水平井筒中投送到位,因此,专门为水平井套管内压裂封隔器设计了压裂胶塞（图 3-1-6）。压裂胶塞采用皮碗结构,利用液压可以

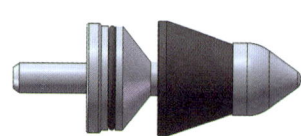

图 3-1-6 水平井压裂胶塞

顺利投送至封隔器滑套部位,并且尾部采用可打捞设计,便于后期处理。

3) Y444-114(148)型滑套封隔器

Y444-114(148)型滑套封隔器(图 3-1-7)动作原理:液流由上接头进入到工具内腔,通过中心管上的进液孔进入到副活塞内,当压力达到 4~6MPa 时剪断剪钉,液流推动上缸套、胶筒轴、胶筒、下压环、上锥体整体下行,下锥体锥进卡瓦涨出,卡瓦锚定到套管壁上,当锚定完成后,胶筒轴继续下行,将胶筒压缩变形,完成密封动作。继续升压将堵打掉,压裂下层。压裂完成后投胶塞,将滑套打掉,压裂上层。压裂完成后,投胶塞升压,将封隔器解封。

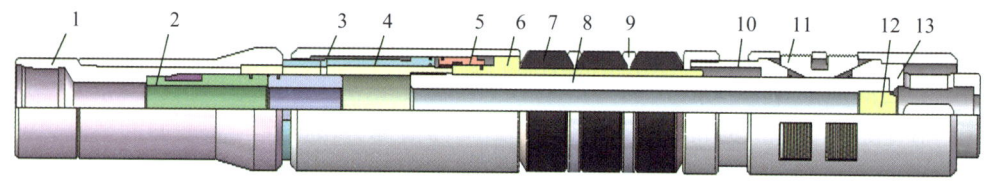

图 3-1-7 Y444-114 型滑套封隔器

1—上接头;2—滑套;3—上缸套;4—锁定套;5—副活塞;6—胶筒轴;7—胶筒;8—中心管;9—隔环;10—上锥体;11—卡瓦;12—堵;13—下接头

技术特点:

(1) 封隔器具有上下密封机构,可实现两个层段之间有效密封,保证针对性改造;

(2) 封隔器具有上下压裂机构,可一趟管柱压裂两层;

(3) 封隔器坐封、解封全过程液压动作;

(4) 封隔器自带双向强制坐封、解封卡瓦锚定,保证工具造斜段通过性,并减小井下管柱蠕动变形;

(5) 解封后可正、反洗井,保证管柱顺利起出;

(6) 砂堵后可反洗井,保证工具解封。

技术指标见表 3-1-1。

表 3-1-1 Y444-114 型滑套封隔器参数指标

序号	参数	5½in 套管适用技术指标	7in 套管适用技术指标
1	型号	FXSPFY-Y444-114	FXSPFY-Y444-148
2	工作套管内径,mm	121~124	157~162
3	最大刚体外径,mm	114	148
4	工具长度,mm	2347	2300
5	最小内通径,mm	40	51
6	工作温度,℃	≤120	≤120
7	工作压力,MPa	70	70
8	坐封压力,MPa	20	30
9	下压裂机构打开压力,MPa	25~30	33~35

续表

序号	参数	5$\frac{1}{2}$in 套管适用技术指标	7in 套管适用技术指标
10	上压裂机构打开压力，MPa	10～12	8～10
11	解封压力，MPa	10～12	8～10
12	联接螺纹型式	上端 2$\frac{7}{8}$UPTBG 内螺纹	上端 3$\frac{1}{2}$UPTBG 内螺纹
		下端 无螺纹	下端 无螺纹

4）液压安全接头

在起上部封隔器遇阻时液压安全接头脱开以上管柱，为下一步处理留余地。安全接头结合水平井井身结构特点专门设计，投胶塞液压动作脱开，经现场试验，性能可靠，动作灵活。如图 3-1-8 所示。

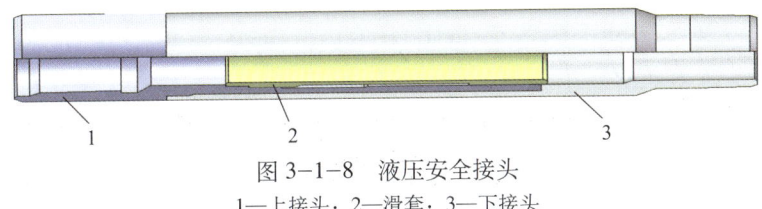

图 3-1-8 液压安全接头
1—上接头；2—滑套；3—下接头

动作过程：投胶塞座在护套处打压剪掉销钉，滑套下行，上接头与下接头脱开实现丢手。

技术指标见表 3-1-2。

表 3-1-2 液压安全接头参数指标

序号	参数	5$\frac{1}{2}$in 套管适用技术指标
1	型号	SPAJ-93-120/70-FX
2	工作套管内径，mm	121～124
3	最大刚体外径，mm	93
4	工具长度，mm	460
5	最小内通径，mm	56
6	工作温度，℃	≤120
7	工作压力，MPa	70
8	脱开压力，MPa	10～15
9	联接螺纹型式	上端 2$\frac{7}{8}$UPTBG 内螺纹
		下端 2$\frac{7}{8}$UPTBG 外螺纹

2. Y441 型压裂管柱中压裂工具

1）水平井套管内压裂工艺管柱——井口专用投球器

井口专用投球器见图 3-1-5 所示。

2）水平井套管内压裂工艺管柱——压裂球

由于常用打落直井滑套的钢球或铜球无法在水平井筒中投送到位，因此，专门为水平井套管内压裂封隔器设计了压裂球（图3-1-9）。压裂球采用特殊材质制作，相对密度为1.5~1.8，利用液压可以顺利至封隔器滑套部位，打落滑套，完成封隔器动作，当压裂完成后，通过放喷，可使压裂球返排至井口，增加采油通道。

图3-1-9 压裂球图

3）水平井套管内压裂工艺管柱Ⅰ号工具——Y445-114型封隔器

Ⅰ号封隔器（图3-1-10）技术原理：Ⅰ号封隔器下井到位后，油管打压坐封、锚定，投球注液加压丢开。

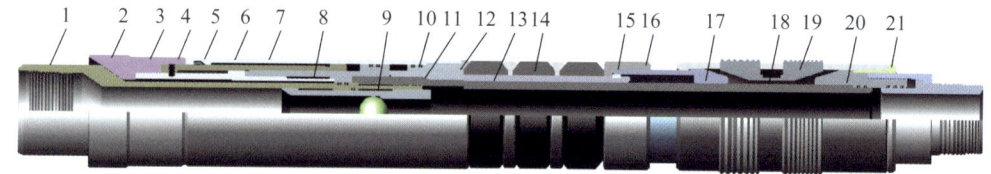

图3-1-10 Y445-114型封隔器结构图

1—上接头；2—导入头；3—提解套；4—剪钉；5—锁；6—外缸套；7—锁定套；8—球座；9—球；10—活塞；11—剪钉；12—剪钉；13—胶筒轴；14—胶筒；15—小备帽；16—备帽；17—上锥体；18—中心管；19—卡瓦；20—下接头；21—下备帽

技术特点：

（1）Ⅰ号封隔器设有抗阻机构：下井过程中遇软、硬阻，工具不会坐封。

（2）压缩胶筒之间有隔环：压缩胶筒之间加隔环，保证解封时胶筒回收彻底。

（3）通径大：Ⅰ号封隔器丢开后，通径大，保证压裂时过流面积，在投多级压裂球时，保证压裂球顺利通过。

（4）设有引入机构：在工具上方设有引入机构，保证套管内投送的多级压裂球能顺利进入到工具串内腔。

其具体技术指标见表3-1-3。

表3-1-3 Ⅰ号封隔器技术参数表

序号	参数	$5\frac{1}{2}$in 套管封隔器技术指标
1	型号	Y445-114
2	工作套管内径，mm	121~126
3	最大刚体外径，mm	114
4	最小内通径，mm	57（丢开后）
5	工作温度，℃	≤120
6	工作压力，MPa	70
7	解封载荷，kN	30~50
8	联接螺纹型式	$2\frac{7}{8}$UPTBG
9	长度，mm	1370

实施过程：密封过程、原理与Y444-114型封隔器相同。上述卡瓦、胶筒动作后的行程由外缸套内的锁锁定，保证封隔器锚定可靠，胶筒密封充分。锁定力由锁定套传至中心管，最后将由下锥体传至卡瓦上。投球，利用液压将球投送到位后落于球座上，将剪钉剪断，球座下行，丢手机构启动，上提管柱丢手部分提出。

4）水平井套管内压裂工艺管柱Ⅱ号工具——Y441-114型封隔器

Y441型封隔器（图3-1-11）技术原理：Y441型封隔器下井到位后，油管打压坐封、锚定，上提管柱解封。

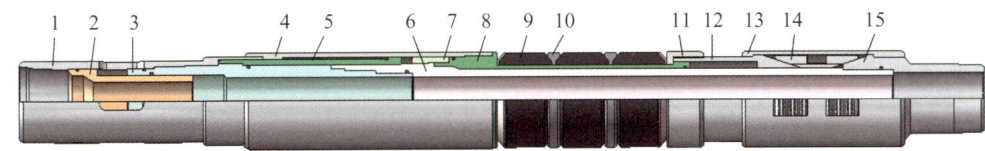

图3-1-11　Y441-114型封隔器结构图

1—上接头；2—滑套；3—提解套；4—缸套；5—锁定套；6—中心管；7—副活塞；8—胶筒轴；9—胶筒；10—隔环；
11—下压环；12—上锥体；13—卡瓦罩；14—卡瓦；15—下锥体

封隔器动作原理：密封过程、原理与Y444-114型相同，当需要压裂时，投胶塞打掉滑套，打开压裂通道进行压裂。

技术特点：

（1）有抗阻机构，遇软、硬阻工具中途不坐封；

（2）管柱所配置封隔器有平衡机构，高压作业时管柱受力对封隔器解封机构不产生影响；

（3）解封载荷小，由上至下分级解封，解封安全、可靠；

（4）工具有丢开功能，应对特殊情况下产生的事故处理。

其具体技术指标见表3-1-4。

表3-1-4　Ⅱ号封隔器技术参数表

序号	参数	$5\frac{1}{2}$in套管封隔器技术指标
1	型号	Y 441/YL 114X57-120/70-FX
2	工作套管内径，mm	121~126
3	最大刚体外径，mm	114
4	最小内通径，mm	57
5	工作温度，℃	≤120
6	工作压力，MPa	70
7	解封载荷，kN	30~50
8	联接螺纹型式	$2\frac{7}{8}$UPTBG
9	长度，mm	1370
10	丢开力，kN	60~80

5）水平井套管内压裂工艺管柱——HT-93型滑套

滑套技术原理：与封隔器连接下井到位后，通过投压裂球将压裂滑套打开建立压裂通道。结构图如图3-1-12所示。

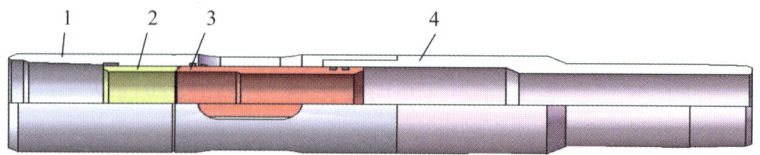

图 3-1-12　HT-93 型滑套结构图

1—上接头；2—压帽；3—滑套；4—下接头

技术特点：

（1）滑套采用特殊工艺进行耐磨处理，保证大型压裂时不会磨损滑套；

（2）滑套打开后，压裂通径大。

其具体技术指标见表 3-1-5。

表 3-1-5　滑套技术参数表

序号	参数	$5\frac{1}{2}$in 套管封隔器技术指标
1	型号	HT-93
2	工作套管内径，mm	121～126
3	最大刚体外径，mm	93
4	工作温度，℃	≤120
5	工作压力，MPa	70
6	滑套打开力，MPa	10～15
7	联接螺纹型式	$2\frac{7}{8}$UPTBG
8	长度，mm	500

实施过程：压裂球投送至滑套处密封憋压，当压力升高到 10～15MPa 时，剪断剪钉，滑套下行至下接头台肩处，上接头上的压裂通道打开。

6）水平井套管内压裂工艺管柱——PSQ-93 型定压喷砂器

定压喷砂器结构图如图 3-1-13 所示。

技术原理：接于管柱末端，下井到位后，打压将丝堵打掉，建立底层压裂通道。

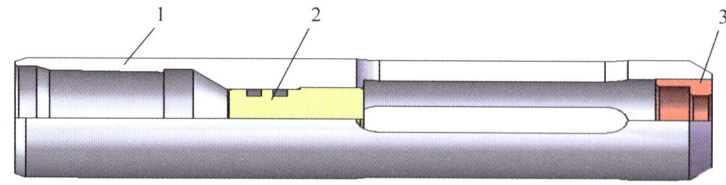

图 3-1-13　定压喷砂器结构图

1—上接头；2—丝堵；3—挡板

3. Y341 型压裂管柱中压裂工具

1）水平井套管内压裂工艺管柱——井口专用投球器

井口专用投球器见图 3-1-5。

2）压裂球（图 3-1-9）

压裂球见图 3-1-9。

3）水平井套管内压裂工艺管柱Ⅰ号工具——Y445-114 型封隔器

Ⅰ号封隔器技术原理：同 Y441 型压裂管柱中 Y445-114 型封隔器技术原理。

技术特点：同 Y441 型压裂管柱中 Y445-114 型封隔器技术特点。

其具体技术指标见表 3-1-6。

表 3-1-6　Ⅰ号封隔器技术参数表

序号	参数	5$\frac{1}{2}$in 套管封隔器技术指标
1	型号	Y445-114
2	工作套管内径，mm	121～126
3	最大刚体外径，mm	114
4	最小内通径，mm	60（丢开后）
5	工作温度，℃	≤120
6	工作压力，MPa	70
7	解封载荷，kN	30～50
8	联接螺纹型式	2$\frac{7}{8}$UPTBG
9	长度，mm	1370

实施过程：同 Y441 型压裂管柱中 Y445-114 型封隔器。

4）水平井套管内压裂工艺管柱Ⅱ号工具——Y341-114 型封隔器

Ⅱ号封隔器（图 3-1-14）技术原理：Ⅱ号封隔器下井到位后，油管打压坐封、锚定，上提管柱解封。

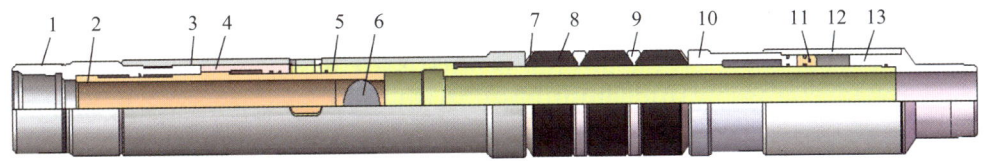

图 3-1-14　Y341-114 型封隔器结构图

1—上接头；2—滑套；3—外套；4—挂套；5—中心管；6—压裂球；
7—保护环；8—胶筒；9—隔环；10—下压环；11—活塞；12—下套；13—下接头

技术特点：

（1）Y341 型封隔器与压裂喷砂器设计为一体，实现功能集成化。

（2）压缩胶筒之间有隔环：压缩胶筒之间加隔环，保证解封时胶筒回收彻底。

（3）设有解封机构启动机构，在本层压裂时，高压力不会使封隔器解封，只有当本层压裂完成时，解封机构才启动，保证 Y341 型封隔器在压裂过程中不会解封。

（4）解封安全性：工具设有两种解封途径，保证封隔器解封安全性。

（5）工具有丢开功能，应对特殊情况下产生的事故处理。

其具体技术指标见表 3-1-7。

实施过程：液流由上接头进入到工具内腔，通过中心管下端位置的进液孔进入到活塞内，当压力达到 4～6MPa 时剪断剪钉，液流推动下套、活塞下行，压缩胶筒变形，完成密封动作。锁定力传至中心管，最后传至压裂管柱上。投压裂球，液压将球投送到位后落于滑套上，球座下行压裂滑套下行锁定，压裂通道打开，继续打压，压裂球强行通过滑套下行，压裂球坐于下一级封隔器的滑套上，当需要起管柱时，上提管柱解封。

表 3-1-7 Y341 型封隔器技术参数表

序号	参数	5$\frac{1}{2}$in 套管封隔器技术指标
1	型号	Y341-114
2	工作套管内径，mm	121～126
3	最大刚体外径，mm	114
4	最小内通径，mm	32～56
5	工作温度，℃	≤120
6	工作压力，MPa	70
7	解封载荷，kN	50～70
8	联接螺纹型式	2$\frac{7}{8}$UPTBG
9	长度，mm	1668
10	滑套开启力，MPa	10～15

5）水平井套管内压裂工艺管柱Ⅲ号工具——Y441-114 型封隔器

Y441 型封隔器（图 3-1-13）技术原理：Y441 型封隔器下井到位后，油管打压坐封、锚定，上提管柱解封。

封隔器动作原理：同 Y441 型压裂管柱中 Y441-114 型封隔器动作原理。

技术特点：同 Y441 型压裂管柱中 Y441-114 型封隔器技术特点。

其具体技术指标见表 3-1-8。

表 3-1-8 Y441 型封隔器技术参数表

序号	参数	5$\frac{1}{2}$in 套管封隔器技术指标
1	型号	Y441-114
2	工作套管内径，mm	121～126
3	最大刚体外径，mm	114
4	最小内通径，mm	28.5
5	工作温度，℃	≤120
6	工作压力，MPa	70
7	解封载荷，kN	30～50
8	联接螺纹型式	2$\frac{7}{8}$UPTBG
9	长度，mm	1684
10	丢开力，kN	60～80

6）水平井套管内压裂工艺管柱——PSQ-93 型定压喷砂器

技术原理：同 Y441 型压裂管柱中 PSQ-93 型定压喷砂器技术原理。

技术特点：同 Y441 型压裂管柱中 PSQ-93 型定压喷砂器技术特点。

其具体技术指标见表 3-1-9。

表 3-1-9 定压喷砂器技术参数表

序号	参数	5$\frac{1}{2}$in 套管封隔器技术指标
1	型号	PSQ-93
2	工作套管内径，mm	121~126
3	最大刚体外径，mm	93
4	工作温度，℃	≤120
5	工作压力，MPa	70
6	定压开启力，MPa	28~32
7	联接螺纹型式	2$\frac{7}{8}$UPTBG
8	长度，mm	310

第二节 裸眼封隔器滑套分段压裂管柱及工具

为提高深层气藏单井产量，增大井筒与储层接触面积，降低井口施工压力，成功研制了机械封隔式裸眼封隔器、锚定封隔器、悬挂封隔器等关键工具，形成了三套裸眼水平井完井压裂工艺管柱，包括 7in 技术套管悬挂 4$\frac{1}{2}$in 基管完井压裂工具总成、5$\frac{1}{2}$in 技术套管悬挂 3$\frac{1}{2}$in 基管完井压裂工具总成、5$\frac{1}{2}$in 套管完井压裂工具总成，能够满足最高压裂段数 29 段、耐温 150℃、耐压差 70MPa 的裸眼水平井多段压裂要求。该技术满足二开、三开井身结构裸眼完井多段改造技术需求；重点解决了完井压裂管柱顺利下入、段间有效封隔和储层充分改造等关键技术。该工艺管柱中球及球座可钻，钻后实现管柱全通径，滑套打开方式可选（投球或开关钥匙均可打开），能实现后期选择性层段生产。

一、裸眼封隔器滑套分段压裂管柱

1. 两开裸眼完井水平井压裂管柱

二开井身结构裸眼封隔器滑套工艺只有表层套管和油层套管，节省了技术套管，油层套管连接固井阀、裸眼封隔器以及压裂滑套，将桥塞下入油层套管中的固井阀下面进行直井段水泥固井。

1）管柱功能

通井，下入完井压裂一体化工艺管柱，顶替钻井液，投球坐封裸眼封隔器；下固井桥塞，涨封丢开，填砂，开固井阀，挤水泥固井、候凝，下管柱扫塞，起管柱，测固井质量。捞桥塞、关固井阀。打开定压球座，压裂第一段，逐级投球压裂后续层段。

2）管柱结构

两开裸眼完井压裂管柱：浮鞋—坐封球座—压差滑套—锚定封隔器 1—压裂封隔器 1—滑套压裂阀 1—压裂封隔器 2—滑套压裂阀 2—压裂封隔器 3—滑套压裂阀 3……压裂封隔器 29—滑套压裂阀 29—压裂封隔器 30—锚定封隔器 2—固井阀。其具体管柱图如图 3-2-1 所示。

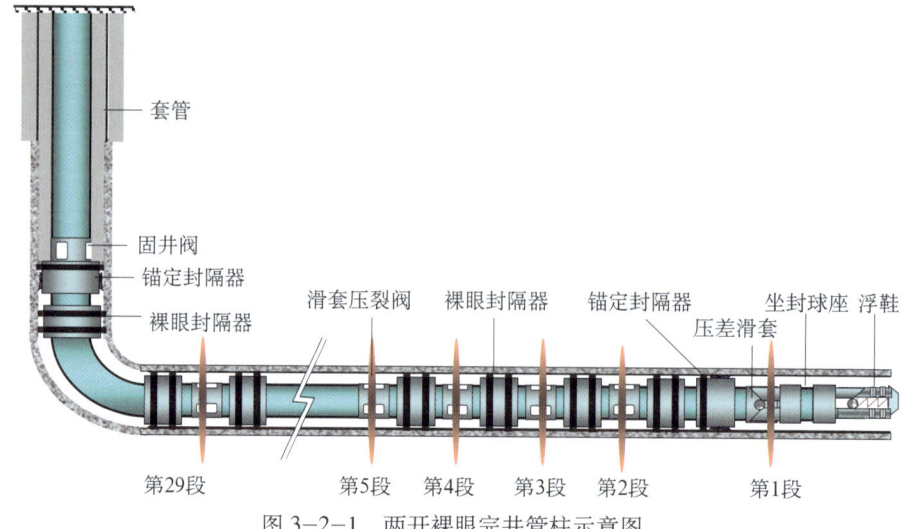

图 3-2-1 两开裸眼完井管柱示意图

3）管柱适应性

(1) 适应于 $5\frac{1}{2}$in 套管二开完井 29 段以内油气藏压裂需求。

(2) 工具和管柱耐温 150℃，耐压差 70MPa。

4）管柱特点

(1) 二开井身结构完井，简化了井身结构，缩短了钻井周期；

(2) 二开井身结构完井，减少了技术套管，降低了完井成本；

(3) 球及球座可钻，钻后实现管柱全通径；

(4) 滑套打开方式可选（投球，开关钥匙）；

(5) 完井滑套可开关，能实现后期选择性层段生产；

(6) 压缩式封隔器、双胶筒双向密封；

(7) 密封件局部刚性支撑，可长期有效封隔；

(8) 直井段固井时下入固井桥塞，要进行扫塞和洗井，桥塞打捞，确保打捞过程井底无落物，增加了打捞工序。

2. 三开裸眼完井水平井压裂管柱

三开井身结构裸眼封隔器滑套工艺包括表层套管、技术套管以及油层套管完井，该工艺是通过悬挂封隔器将与油层套管连接的裸眼封隔器以及压裂滑套悬挂在技术套管上的一种完井方式。

1）管柱功能

水平井固井、测井后，通井，下入完井压裂一体化工艺管柱，顶替钻井液，投球坐封裸眼封隔器及悬挂器，提高压力等级，悬挂器丢开，回接套管（可选）。提高压力等级，打开定压球座，压裂第一段，逐级投球压裂后续层段。

2）管柱结构

完井压裂管柱：浮鞋—坐封球座—压差滑套—锚定封隔器1—压裂封隔器1—滑套压裂阀1—压裂封隔器2—滑套压裂阀2—压裂封隔器3—滑套压裂阀3……压裂封隔器29—滑套压裂阀29—压裂封隔器30—悬挂器。其具体管柱图如图3-2-2所示。

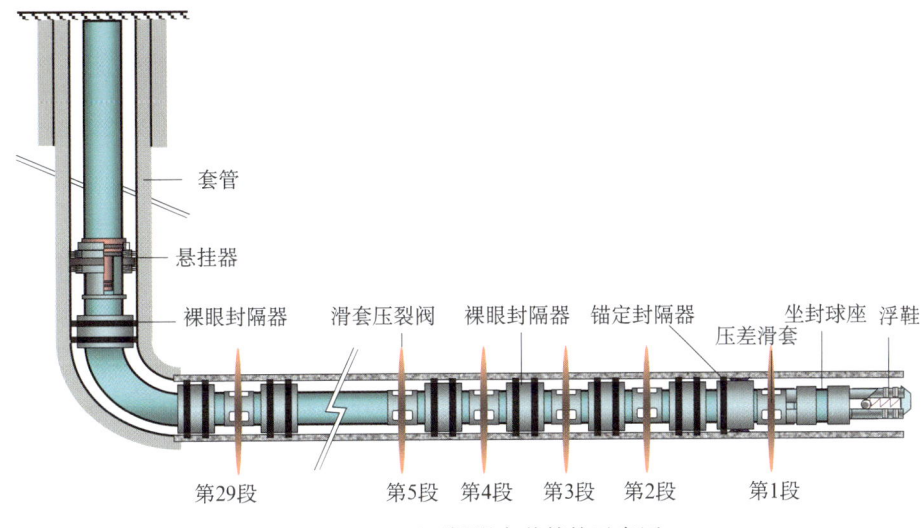

图 3-2-2 三开裸眼完井管柱示意图

3）管柱适应性

（1）适应于 $5\frac{1}{2}$in 套管悬挂 $3\frac{1}{2}$in 基管 16 段完井压裂、7in 套管悬挂 $4\frac{1}{2}$in 基管 26 段完井压裂、$5\frac{1}{2}$in 套管二开完井 29 段完井压裂。

（2）工具和工艺管柱耐温 150℃，耐压差 70MPa。

4）管柱特点

（1）球及球座可钻，钻后实现管柱全通径；

（2）滑套打开方式可选（投球或开关钥匙）；

（3）完井滑套可开关，能实现后期选择性层段生产；

（4）压缩式封隔器、双胶筒双向密封；

（5）密封件局部刚性支撑，可长期有效封隔；

（6）悬挂器以上可选择回插，可选择不回插。

二、裸眼封隔器滑套分段压裂工具

1. 两开裸眼完井水平井压裂管柱中主要工具

1）浮鞋

下井过程中具有扶正作用、单向流通，防止管外压井液及固体颗粒进入管内，堵塞滑套，循环时形成正循环通道的装置。浮鞋结构示意图如图 3-2-3 所示。

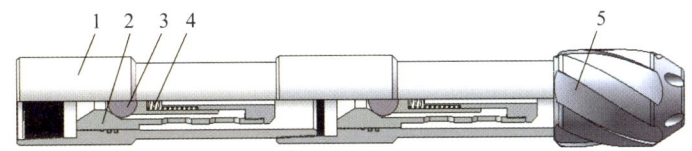

图 3-2-3 浮鞋结构示意图

1—上接头；2—球座；3—球；4—弹簧；5—扶正体

（1）动作关系。

①下井时：弹簧处于压缩状态，弹力反作用于球上，使球与球座斜面接触密封，管内

液体不能进入管内；

②正循环时：液体进入内腔对球产生向下力压缩弹簧，球面与球座斜面分离，失去密封，液体进入扶正体，通过扶正体过液孔进入管外，形成正循环通道。

（2）特点。

①循环通道和钻头循环通道一样，有利于循环；

②设有两组密封阀，有利于循环。

（3）技术指标见表3-2-1。

表3-2-1 浮鞋技术参数表

序号	参数指标	参数
1	钢体外径，mm	206
2	联接螺纹型式	$4\frac{1}{2}$TBG
3	反向压差，MPa	70
4	正循环开启压力，MPa	＜2
5	耐温指标，℃	＜150

2）坐封球座

下井时具有循环通道，投球打压，球座落球座上关闭循环通道，能抗双向压差，管内稳压使封隔器坐封的一种工具。坐封球座结构示意图如图3-2-4所示。

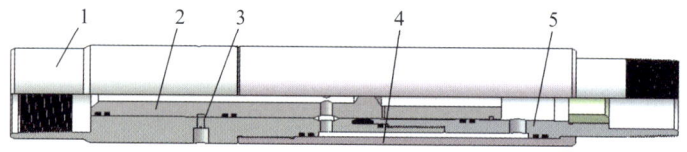

图3-2-4 坐封球座结构示意图
1—上接头；2—球座；3—剪钉；4—缸套；5—下接头

（1）动作关系。

①循环时：液体通过球座侧孔进入上接头上侧孔，流经缸套与下接头环空，从下接头下孔流出，形成循环通道；

②球座关闭：球坐落球座端部，管内打压剪断剪钉，球座下行，球座侧孔进入下接头两道胶圈之间，把球座侧孔封住，球座关闭。

（2）特点。

①关闭球座可以投两个不同直径的球，提高可靠性；

②球座关闭之前，具有正循环通道；

③球座关闭以后可以抗双向压差。

（3）技术指标见表3-2-2。

3）定压压裂阀

依靠管内、外压差打开最下端压裂端口，进行第一段压裂的工具。定压压裂阀结构示意图如图3-2-5所示。

（1）动作关系。管内打压剪断剪钉，滑套下行，打开压裂通道。

表 3-2-2 坐封球座技术参数表

序号	参数指标	参数
1	钢体外径，mm	140
2	联接螺纹型式	4$\frac{1}{2}$TBG
3	双向压差，MPa	70
4	球座关闭压力，MPa	13~15
5	耐温指标，℃	<150

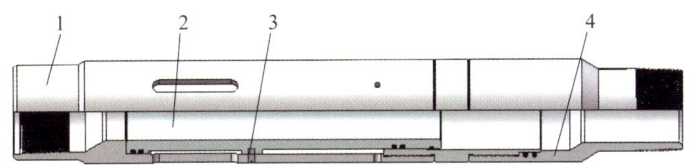

图 3-2-5 定压压裂阀结构示意图
1—上接头；2—滑套；3—剪钉；4—下接头

（2）特点。依靠套管内、外压差打开最下层压裂通道，减少一次投球，增加压裂段数。

（3）技术指标见表 3-2-3。

表 3-2-3 定压压裂阀技术参数表

序号	参数指标	参数
1	钢体外径，mm	154
2	联接螺纹型式	5$\frac{1}{2}$套管螺纹
3	滑套打开压力，MPa	35~37
4	耐温指标，℃	<150

4）裸眼锚定封隔器

裸眼锚定封隔器设计有卡瓦锚定装置，坐封后起到锚定并密封裸眼段作用，防止压裂时管柱串动和段间串。裸眼锚定封隔器结构示意图如图 3-2-6 所示。

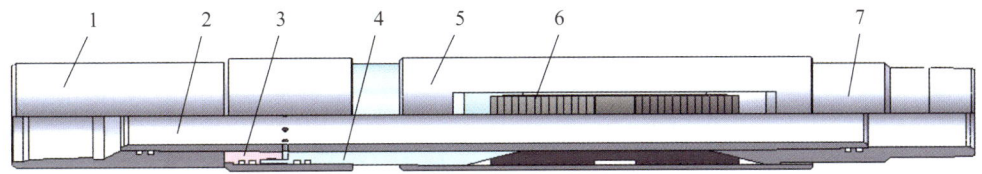

图 3-2-6 裸眼锚定封隔器结构示意图
1—上接头；2—中心管；3—副活塞；4—主活塞；5—卡瓦罩；6—卡瓦；7—下接头

（1）动作关系。油管内打压，液体经中心管进液孔进入中心管与缸筒环腔，推副活塞左行、主活塞右行，锥体楔入卡瓦内将卡瓦涨出锚定井壁。

（2）特点。

①卡瓦纵向沟槽与横向沟槽交错布置增大了卡瓦与井壁的咬入量；

②设有抗阻机构，遇阻不坐封；

③设有步进锁定机构，锚定牢固可靠。

（3）技术参数见表 3-2-4。

表 3-2-4　裸眼锚定封隔器技术参数表

序号	参数指标	参数
1	钢体外径，mm	200
2	扶正体外径，mm	206
3	联接螺纹型式	$5\frac{1}{2}$ 套管螺纹
4	坐封压力，MPa	25
5	耐温指标，℃	<150

5）裸眼压裂封隔器

裸眼压裂封隔器是一种具有双密封胶筒钢性支撑密封形式的封隔器，用于封隔裸眼压裂层段，防止压裂时段间串。裸眼压裂封隔器结构示意图如图 3-2-7 所示。

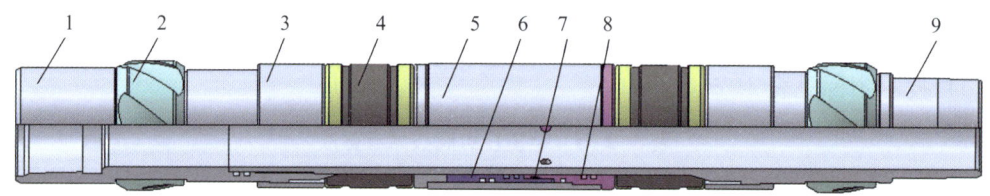

图 3-2-7　裸眼压裂封隔器结构示意图

1—上接头；2—扶正体；3—剪切帽；4—胶筒；5—缸筒；6—副活塞；7—坐封剪钉；8—主活塞；9—中心管

（1）动作关系。管内打压，中心管进液孔进液，主活塞左行、副活塞右行，剪断坐封剪钉，压缩上、下胶筒与井壁形成密封，封隔器坐封完成。

（2）特点。

①封隔器坐封采取楔入加压缩形式，坐封之后胶筒处于钢性支撑，增加密封长期性；

②胶筒两端具有保护机构增加耐温、承压能力；

③封隔器密封采取双胶筒，可靠性强。

（3）技术指标见表 3-2-5。

表 3-2-5　裸眼压裂封隔器技术参数表

序号	参数指标	参数
1	钢体外径，mm	200
2	扶正体外径，mm	206
3	联接螺纹型式	$5\frac{1}{2}$ 套管螺纹
4	坐封压力，MPa	25
5	耐温指标，℃	<150

6）可开关式滑套压裂阀

通过投球打压打开，球座钻除后通过开关钥匙打开或者关闭压裂端口实现选择性开采及堵水。可开关式滑套压裂阀结构示意图如图 3-2-8 所示。

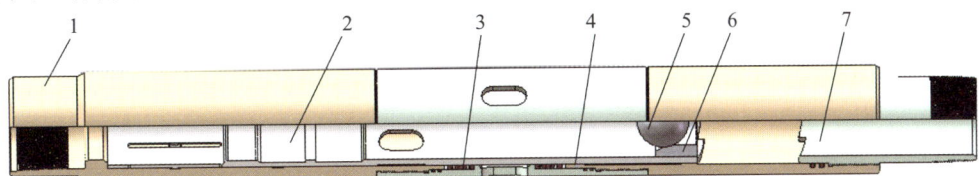

图 3-2-8 可开关式滑套压裂阀结构示意图
1—上接头；2—滑套；3—密封胶筒；4—剪钉；5—球；6—球座；7—下接头

(1) 动作关系。

①压裂：管内投球打压剪断剪钉，滑套下行，压裂通道打开，进行压裂。

②钻球座：压裂完成后下钻具将球座钻除。

③开关滑套，滑套压裂阀滑套内壁设置内倾角凸台、凹槽与开关钥匙卡爪的外涨凸台、凹槽配合锁定，上提管柱关闭换套。

(2) 特点。

①球座钻除部分短，易钻除，密封采用组合密封，打开与关闭滑套阻力小，密封性好；

②滑套打开与关闭状态都处于锁定状态，不会产生误动作，锁定机构设防砂装置，防止压裂砂进入锁定内腔，卡死滑套，造成打开、关闭失败。

(3) 技术指标见表 3-2-6。

表 3-2-6 可开关式滑套压裂阀技术参数表

序号	参数指标	参数
1	钢体外径，mm	180
2	球座钻除后内径，mm	118
3	联接螺纹型式	$5\frac{1}{2}$ 套管螺纹
4	滑套打开压力，MPa	13~15
5	滑套关闭载荷，kN	30~40
6	耐温指标，℃	<150

7) 开关钥匙

通过液压控制可开关式滑套压裂阀的打开与关闭的一种工具。开关钥匙结构如图 3-2-9 所示。

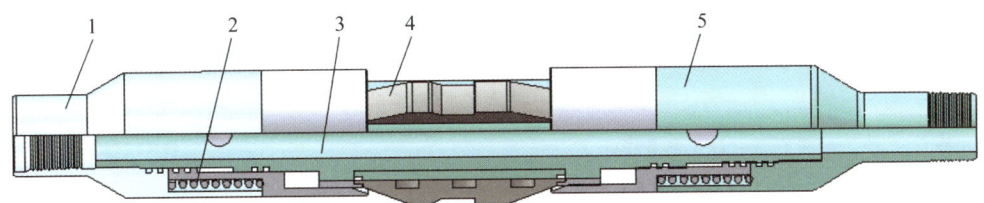

图 3-2-9 开关钥匙结构图
1—上接头；2—弹簧；3—中心管；4—卡爪；5—下接头

(1) 动作关系。

①锁定：油管内打压，上活塞上行、下活塞下行，卡爪在卡爪弹簧力作用下外涨，上

提油管，卡爪进入滑套球座内凹槽内与滑套球座锁定，关闭滑套。

②解锁：油管泄压，上活塞在弹簧力作用下下行，下活塞上行将卡爪收回，开关钥匙与滑套压裂阀脱开解锁。

(2) 特点。

①管内打压卡爪外涨，泄压自动收回，操作方便；

②卡爪设计外涨角，脱开可靠。

(3) 技术指标见表3-2-7。

表 3-2-7 开关钥匙技术参数表

序号	参数指标	参数
1	钢体外径，mm	110
2	卡爪涨出外径，mm	124
3	联接螺纹型式	$2^7/_8$TBG

8）固井阀

通过开阀钥匙打开注水泥通道，投胶塞关闭注水泥通道，在水平井二开完井中实现半程固井。固井阀结构示意图如图3-2-10所示。

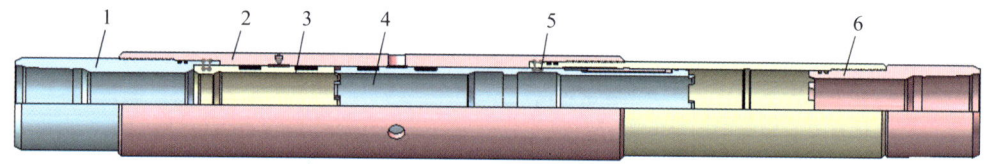

图 3-2-10 固井阀结构图
1—上接头；2—阀体；3—上滑套；4—下滑套；5—剪钉；6—下接头

(1) 动作关系。油管连接开阀钥匙坐落于下滑套内壁凹槽内，下放管柱剪断剪钉打开挤注通道，提出开阀钥匙，注水泥，套管内投胶塞，打压坐落上滑套内壁台尖，上滑套下行，关闭挤注通道。

(2) 特点。

①出液孔向上与轴线成30°角，挤注水泥时减少对井壁的冲蚀；6个 ϕ16mm 的出液孔右旋排列在外套上，挤水泥时形成旋流，有利于水泥的举升。

②通过机械动作实现开阀，常规压胶塞关阀。

(3) 技术指标见表3-2-8。

表 3-2-8 技术参数表固井阀

序号	参数指标	参数
1	钢体外径，mm	196
2	内径，mm	118
3	联接螺纹型式	$5^1/_2$套管螺纹
4	开阀载荷，kN	60～80
5	关阀压力，MPa	6～8

2. 三开裸眼完井水平井压裂管柱中主要工具

1）浮鞋

浮鞋结构见图3-2-3。

2）坐封球座

坐封球座结构见图3-2-4。

（1）动作关系见两开裸眼完井压裂中坐封球座动作关系。

（2）特点见两开裸眼完井压裂中坐封球座工具特点。

（3）技术指标见表3-2-9。

表3-2-9 坐封球座技术参数表

序号	参数指标	$5\frac{1}{2}$in 技套挂 $3\frac{1}{2}$in 基管	7in 技套挂 $4\frac{1}{2}$in 基管	$9\frac{5}{8}$in 技套挂 $5\frac{1}{2}$in 基管
1	钢体外径，mm	110	140	140
2	联接螺纹型式	$2\frac{7}{8}$TBG	$4\frac{1}{2}$TBG	$4\frac{1}{2}$TBG
3	双向压差，MPa	70	70	70
4	球座关闭压力，MPa	13～15	13～15	13～15
5	耐温指标，℃	<150	<150	<150

3）定压压裂阀

定压压裂阀结构如图3-2-5所示。

（1）动作关系。见两开裸眼完井压裂中定压压裂阀动作关系。

（2）特点。见两开裸眼完井压裂中定压压裂阀工具特点。

（3）技术指标见表3-2-10。

表3-2-10 定压压裂阀技术参数表

序号	参数指标	$5\frac{1}{2}$in 技套挂 $3\frac{1}{2}$in 基管	7in 技套挂 $4\frac{1}{2}$in 基管	$9\frac{5}{8}$in 技套挂 $5\frac{1}{2}$in 基管
1	钢体外径，mm	108	142	154
2	联接螺纹型式	$3\frac{1}{2}$TBG	$4\frac{1}{2}$TBG	$4\frac{1}{2}$TBG
3	内径，mm	50	80	80
4	滑套打开压力，MPa	35～37	35～37	35～37
5	耐温指标，℃	<150	<150	<150

4）裸眼锚定封隔器

裸眼锚定封隔器结构如图3-2-6所示。

（1）动作关系。见两开裸眼完井压裂锚定封隔器动作关系。

（2）特点。见两开裸眼完井压裂封隔器工具特点。

（3）技术参数见表3-2-11。

5）裸眼压裂封隔器

裸眼压裂封隔器结构如图3-2-7所示。

表3-2-11　裸眼锚定封隔器技术参数表

序号	参数指标	5$\frac{1}{2}$in技套挂3$\frac{1}{2}$in基管	7in技套挂4$\frac{1}{2}$in基管	9$\frac{5}{8}$in技套挂5$\frac{1}{2}$in基管
1	钢体外径，mm	108	142	200
2	联接螺纹型式	3$\frac{1}{2}$TBG	4$\frac{1}{2}$TBG	5$\frac{1}{2}$TBG
3	工作压力，MPa	70	70	70
4	耐温指标，℃	<150	<150	<150

（1）动作关系。见两开裸眼完井压裂封隔器动作关系。

（2）特点。见两开裸眼完井压裂封隔器工具特点。

（3）技术指标见表3-2-12。

表3-2-12　裸眼压裂封隔器技术参数表

序号	参数指标	5$\frac{1}{2}$in技套挂3$\frac{1}{2}$in基管	7in技套挂4$\frac{1}{2}$in基管	9$\frac{5}{8}$in技套挂5$\frac{1}{2}$in基管
1	钢体外径，mm	108	142	200
2	扶正体外径，mm	112	146	206
3	内径，mm	60	94	118
4	联接螺纹型式	3$\frac{1}{2}$TBG	4$\frac{1}{2}$TBG	5$\frac{1}{2}$TBG
5	工作压力，MPa	70	70	70
6	耐温指标，℃	<150	<150	<150

6）可开关式滑套压裂阀

可开关式滑套压裂阀结构如图3-2-8所示。

（1）动作关系。见两开裸眼完井压裂可开关式滑套压裂阀动作关系。

（2）特点。见两开裸眼完井压裂可开关式滑套压裂阀工具特点。

（3）技术指标见表3-2-13。

表3-2-13　可开关式滑套压裂阀技术参数表

序号	参数指标	5$\frac{1}{2}$in技套挂3$\frac{1}{2}$in基管	7in技套挂4$\frac{1}{2}$in基管	9$\frac{5}{8}$in技套挂5$\frac{1}{2}$in基管
1	钢体外径，mm	108	143	180
2	球座钻除后内径，mm	不可钻	94	118
3	联接螺纹型式	3$\frac{1}{2}$TBG	4$\frac{1}{2}$TBG	5$\frac{1}{2}$TBG
4	滑套打掉压力，MPa	13～15	13～15	13～15
5	滑套关闭载荷，kN	—	30～40	30～40
5	耐温指标，℃	<150	<150	<150

7）开关钥匙

开关钥匙结构如图3-2-7所示。

（1）动作关系。见两开裸眼完井压裂开关钥匙动作关系。

(2）特点。见两开裸眼完井压裂开关钥匙工具特点。

(3）技术指标见表 3-2-14。

表 3-2-14　开关钥匙技术参数表

序号	参数指标	7in 技套悬挂 4$\frac{1}{2}$in 基管	9$\frac{5}{8}$in 技套悬挂 5$\frac{1}{2}$in 基管
1	钢体外径，mm	86	110
2	卡爪涨出外径，mm	100	124
3	联接螺纹型式	2$\frac{7}{8}$TBG	2$\frac{7}{8}$TBG

8）悬挂器

通过液压坐封、丢手，把裸眼段内工具悬挂在技术套管上，同时形成密封。悬挂器结构如图 3-2-11 所示。

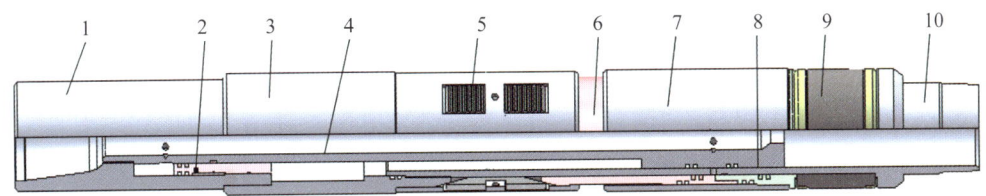

图 3-2-11　悬挂器结构图

1—上接头；2—活塞；3—回接筒；4—中心管；5—卡瓦；6—主活塞；7—缸筒；8—副活塞；9—胶筒；10—下接头

（1）动作关系。向管内注水加压，液体流经中心管进液孔进入缸筒内腔，作用到主活塞、副活塞上，剪断坐封启动销钉后卡瓦锚定，胶筒胀封，达到坐封压力时，坐封完成；继续加压，活塞剪断液压丢手销钉后，打开上接头与回接筒的连接，实现管内打压脱挂；旋转管柱，打开上接头与回接筒的连接后脱挂。

（2）特点。

①采用三种脱挂方式，脱挂安全可靠；

②坐封启动销钉与外表面零件不直接连接，下井遇阻时不会误坐封。

（3）技术指标见表 3-2-15。

表 3-2-15　悬挂器技术参数表

序号	参数指标	5$\frac{1}{2}$in 技套挂 3$\frac{1}{2}$in 基管	7in 技套挂 4$\frac{1}{2}$in 基管	9$\frac{5}{8}$in 技套悬挂 5$\frac{1}{2}$in 基管
1	钢体外径，mm	114	152	212
2	丢手后内径，mm	60	94	118
3	联接螺纹型式	3$\frac{1}{2}$TBG	4$\frac{1}{2}$TBG	5$\frac{1}{2}$TBG
4	坐封压力，MPa	25	25	25
5	丢手压力，MPa	25～27	25～27	25～27
4	工作压力，MPa	70	70	70
5	耐温指标，℃	<150	<150	<150

9)插管

插管与悬挂器密封筒回接,密封插管与技套环空。插管结构如图 3-2-12 所示。

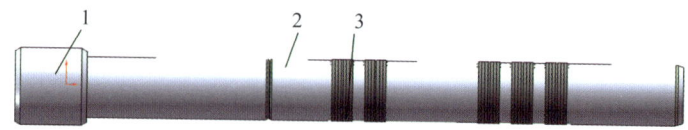

图 3-2-12 插管结构图
1—接箍;2—中心管;3—组合密封

(1)动作关系。套管连接插管并与悬挂器回接,组合密封与悬挂器密封筒回接密封。

(2)特点。

①采用组合密封,插入过程摩擦阻力小;承压时具有补偿效果,密封效果好;

②采用多组、多种组合密封,耐高温,承压能力强。

(3)技术指标见表 3-2-16。

表 3-2-16 插管技术参数表

序号	参数指标	7in 技套悬挂 $4\frac{1}{2}$in 基管	$9\frac{5}{8}$in 技套悬挂 $5\frac{1}{2}$in 基管
1	钢体外径,mm	119	145
2	内径,mm	94	118
3	联接螺纹型式	$4\frac{1}{2}$TBG	$5\frac{1}{2}$TBG
4	工作压力,MPa	70	70
5	耐温指标,℃	< 150	< 150

第三节 封隔器滑套通径尺寸设计及节流压差计算

水平井封隔器滑套分段压裂工艺管柱由多级封隔器和滑套组成,压裂过程产生节流压差,在压裂施工过程影响对井底压力的判断,严重时可能导致压裂管柱失效。因此,在管柱的组合和使用过程中需要提前做好设计计算,个性化设计工具参数,以确保管柱的稳定可靠使用。

一、管柱封隔器及滑套通径设计

封隔器滑套分段压裂工艺包括水平井套管内可捞式封隔器滑套分段压裂系统和水平井裸眼封隔器可开关滑套分段压裂系统两种类型,其滑套设计采取了标准化和模块化设计理念,即两种管柱的滑套结构和滑套尺寸采用同一设计,保证加工、使用的便捷和高效。封隔器滑套分段压裂工艺管柱滑套管内通径尺寸见表 3-3-1。

二、各级滑套节流压差计算

为方便使用和查阅,各级滑套产生的节流压差见表 3-3-2。

第三章 封隔器滑套分段压裂管柱及工具

表 3-3-1 封隔器滑套分段压裂工艺管柱滑套管内通径表

管柱类型	5½in 套管内封隔器滑套多段压裂		3½in 裸眼封隔器滑套多段压裂		4½in 裸眼封隔器滑套多段压裂		5½in 裸眼封隔器滑套多段压裂	
	无多孔球座	多孔球座 17~29mm	无多孔球座	多孔球座 17~29mm	无多孔球座	多孔球座 17~29mm	无多孔球座	多孔球座 17~29mm
封隔器通径 mm		60		73		94		118
压裂段数	10	15	11	16	21	26	24	29
各级球座尺寸 mm	56 53 级差均为 3mm 38 35 32 定压滑套	56 53 级差均为 3mm 23 20 17 定压滑套	59 56 级差均为 3mm 38 35 32 定压滑套	59 56 级差均为 3mm 23 20 17 定压滑套	89 86 级差均为 3mm 38 35 32 定压滑套	89 86 级差均为 3mm 23 20 17 定压滑套	98 95 级差均为 3mm 38 35 32 定压滑套	98 95 级差均为 3mm 23 20 17 定压滑套

表 3-3-2 封隔器滑套分段压裂工艺管柱定排量下滑套节流压差表

参数		节流压差，MPa														
孔眼直径 d_t, mm		98	92	86	80	74	68	62	56	50	44	38	32	26	20	17
孔眼数 N_p, 孔		1	1	1	1	1	1	1	1	1	1	1	1	3	3	3
排量 m³/min	3.0	0.03	0.04	0.05	0.07	0.09	0.13	0.19	0.28	0.45	0.75	1.34	2.67	0.68	1.94	3.72
	4.0	0.05	0.07	0.09	0.12	0.17	0.23	0.34	0.51	0.80	1.33	2.38	4.74	1.21	3.45	6.61
	5.0	0.08	0.11	0.14	0.19	0.26	0.36	0.53	0.79	1.24	2.07	3.73	7.41	1.89	5.39	10.33
	6.0	0.12	0.16	0.20	0.27	0.37	0.52	0.76	1.14	1.79	2.98	5.36	10.67	2.72	7.77	14.88
	7.0	0.17	0.21	0.28	0.37	0.51	0.71	1.03	1.55	2.44	4.06	7.30	14.52	3.70	10.57	20.26
	8.0	0.22	0.28	0.36	0.49	0.66	0.93	1.35	2.02	3.18	5.31	9.54	18.97	4.84	13.81	26.46

注：
(1) 表中计算结果限定液体密度为 1.0g/cm³，节流压差与液体密度成正比；
(2) 表中计算结果取孔眼系数 0.85，该值取值范围 0.8～0.9，节流压差与孔眼系数平方成反比。

根据表 3-3-2 中计算结果，结合水平井封隔器滑套分段压裂工艺管柱各工具参数，可优选并组合工艺管柱结构，满足水平井分段压裂技术要求。

封隔器滑套分段压裂工艺管柱定排量下滑套节流压差计算方法如下：

$$p_{\mathrm{m}} = \frac{10000 \times 22.45 Q^2 \rho_{\mathrm{f}}}{N_{\mathrm{p}}^2 C_{\mathrm{d}}^2 d_{\mathrm{F}}^4} \tag{3-3-1}$$

式中　p_{m}——节流压差，MPa；

　　　Q——施工排量，m³/min；

　　　ρ_{f}——压裂液流体密度，g/cm³；

　　　N_{p}——滑套孔数量，孔；

　　　C_{d}——滑套孔眼流量系数，一般取 0.8～1.0；

　　　d_{F}——滑套孔眼直径，mm。

第四章 封隔器滑套分段压裂工艺

封隔器滑套分段压裂工艺包括套管内封隔器滑套分段压裂工艺和裸眼封隔器滑套分段压裂工艺两种类型,可满足不同类型完井方式水平井多段压裂需求,现就不同工艺管柱的分段压裂设计和管柱施工工艺分述如下。

第一节 封隔器滑套分段压裂设计

一、水平井套管内封隔器滑套分段压裂工艺设计

1. 固井水平井射孔工艺设计

1) 射孔方式选择

目前较为常用的射孔工艺主要包括油管输送式射孔工艺和电缆输送式射孔工艺。

表4-1-1中对两种射孔工艺与类别的技术适应性进行了对比分析,从对比情况来看,有枪身普通射孔和油管输送射孔对于定向井、要求保护套管、高孔密、非自喷井、低压低渗等类别的油井都有较强的适应性,但是油管输送式射孔工艺复杂程度较高,并且费用较大,同时需要较高的操作技术和安全要求,对水平井来讲,建议采用油管传输射孔方式。

表4-1-1 射孔工艺与油井类别选择参考表

射孔工艺 油井类别	普通射孔		油管输送
	有枪身	无枪身	
定向井	√	×	√
要求保护套管	√	×	√
高孔密	√	×	√
非自喷井	√	√	√
低压低渗	√	√	√
工艺复杂程度及成本	√	√	×

注:√表示适应程度好,×表示适应程度差。

2) 射孔参数选择

射孔参数包括孔深、孔密、孔径、相位等,此参数主要由射孔枪弹类型决定。对于压裂水平井来讲,射孔参数的选择无需考虑对自然产能的影响,射孔枪弹的选择重点是考虑对套管和水泥环的穿透能力,要能够提供足够的压裂液过流通道,并且对套管的损伤降低到最小,此处不予赘述。

3) 射孔井段长度确定

目前水平井射孔工艺可以实现从一弹到上万弹的一次性或分段射孔，但射孔井段的长度并不是越长越好，应根据不同的地质需求和压裂工艺进行优化。

近年来，水平井压裂技术工作基本满足低渗透区块在开发生产中对油藏改造的实际需求，压裂工艺技术水平逐年提高。经过多年技术攻关及现场试验的不断总结完善，已形成了三种不同形式的成熟的水平井机械分段压裂工艺，得到了大规模的推广应用。在成熟的压裂工艺技术做保障的前提下，如何能更有效地发挥水平井的最大产能，在水平井的储层改造问题上，长、短射孔井段的选择值得探讨。射孔井段的长与短，选取位置的好与坏，直接关系着压裂改造效果的优劣。

结合水平井产量数据和连续油管井温测试资料，对水平井段射孔长度进行了优化，得出如下结论：第一，长射孔井段改造程度不完善，对产量无明显影响；第二，短射孔井段改造充分，对产量也无直接影响。现结合具体井例进行论述。

（1）长（短）射孔井段改造对产量的影响。对2006年FY油田23口压裂水平井在射孔段长度及生产动态上进行了统计分析比较，结果见表4-1-2，短射孔井段平均每段射开7.93m；长射孔井段平均每段射开50.93m。平均每段射开的长井段是短井段的6.42倍。在投产初期，以长、短射孔井段压裂投产的水平井在平均日产液、日产油和含水的变化上区别不大，后期略有差别。以短射孔段改造的水平井目前的平均产量和投产初期相比一直保持平稳，由初期的平均产液12.9t/d保持至目前12.2t/d；长射孔段井初期到目前略有下降，由原来的平均产液11.9t/d降到9.2t/d，部分井后期产量递减较快。

表4-1-2 不同射孔段长度水平井生产动态统计表

序号	井号	射孔长度 m	压裂方式	投产时间	初产（第二月）		稳产（第四月）		截至2010.10	
					产液, t/d	产油, t/d	产液, t/d	产油, t/d	产液, t/d	产油, t/d
1	FP65	18	四段分压	2006.12	19.8	14.5	19.7	12.3	19.7	12.3
2	FP71	6	两段分压	2006.08	15.4	14.1	11.8	10.1	16.8	15.2
3	FP72	6	二段分压	2006.12	6.2	5	5.2	3.7	5.2	3.7
4	FP66	84	一段压裂	2006.11	7.7	4.5	2.5	2	3.8	3
5	FP34	104	两段分压	2006.05	4.2	3.6	4.2	3.5	4.1	3.4
6	FP69	82	两段分压	2006.12	12.9	1.9	12.2	2.2	12.2	2.2
7	FP28	98	三段分压	2006.04	11.5	6.7	12.7	4.6	4.4	2.4
8	FP39	158	两段分压	2006.06	6.6	2.7	6	2.3	4.9	1.9
9	FP12	195	两段分压	2006.07	10.3	7.6	4.5	3.7	4.2	3.7
10	FP13	178	三段分压	2006.07	11.4	6.6	4.7	2.7	4.7	3.3
11	FP46	138	两段分压	2006.07	12.5	3.4	15.3	4	10.5	1.7
12	FP29	90	两段分压	2006.04	18.6	4.5	11.2	3.9	19.1	3.2

从上述数据的统计中可以判断，以短射孔井段压裂投产的水平井与长射孔井段压裂投产的水平井相比较，短射孔段的产量没有因为射孔井段短而受到影响。

（2）长短射孔段改造井测试上的分析。利用连续油管携带存储式温度压力计对FP13井的第2段和第3段、MP1井第1段和第2段进行了井温测试，测试解释结果对提高水平井的人工裂缝认识程度、指导压裂设计、压后评估及效果评价提供了科学的依据。FP13井的第2段和第3段井温测试曲线如图4-1-1、图4-1-2所示，MP1井等1段和第2段井温测试曲线如图4-1-3所示。

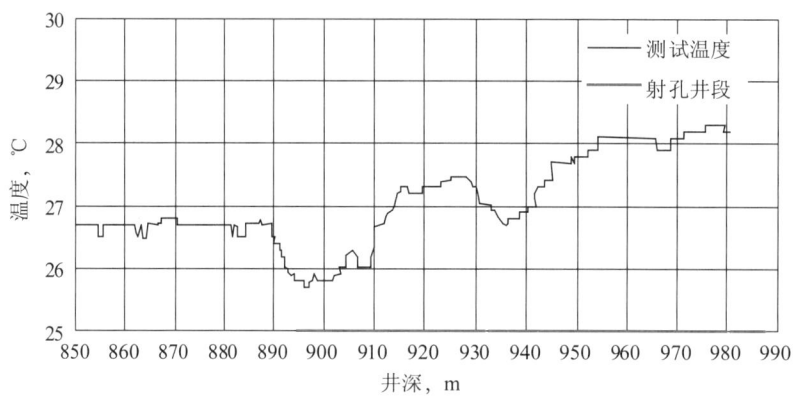

图4-1-1 FP13井第2段压后井温测试结果曲线

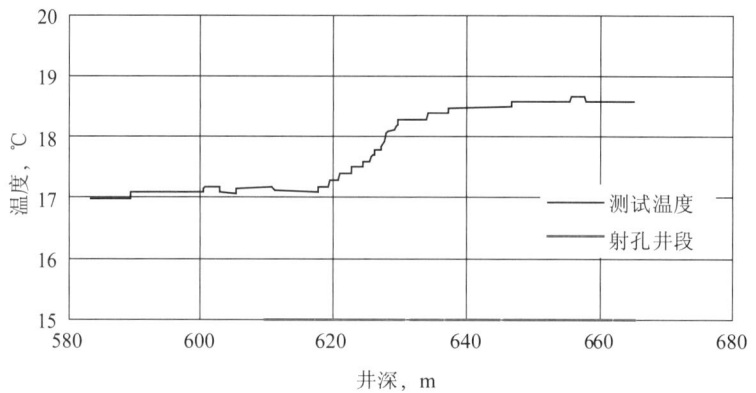

图4-1-2 FP13井第3段压后井温测试结果曲线

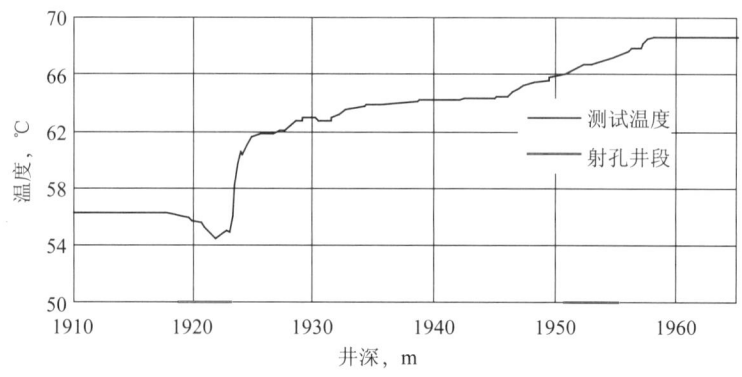

图4-1-3 MP2井第1、第2段压后井温测试结果曲线

由测试结果表明，FP13 井第 2 段（射开 88m）产生两条人工裂缝，原因为施工过程中因供液不足停砂，后重新进行压裂施工，压力上升，缝内净压力升高导致第二条人工裂缝的开启；FP13 井第 3 段（射开 60m）人工裂缝处产生的温度负异常较小，人工裂缝条数难于判定，但自 630m 以后的射孔段没有任何温度异常，不可能产生人工裂缝。

MP2 井第 1、第 2 段分别射开 4m 合压，但第 1 段（1951～1955m）未产生明显温降，证明未开启裂缝，第 2 段温降明显，为主人工裂缝开启位置。

从上述测试可以看出，几个温度异常区处都有明显的 1.2m 左右的温度负异常段，确定为人工裂缝开启宽度；对于水平井长射孔段改造，人工裂缝仅在射孔段某处开启，其余射孔段改造效果较差。

因此，对于水平井射孔段长度，并不是越长越好，需根据不同的地质需求和压裂工艺进行优化。具体优化标准按照需要实现的地质目的和压裂工艺需求而定。对于单段卡封，需要实现单一长裂缝的水平井，可以选择地质显示较好部位单段射开 36 孔（无孔眼节流压差）以上；对于需要实现多簇体积压裂的水平井，可以根据下文描述方法进行射孔井段长度的优化。

2. 封隔器坐封位置及压裂滑套位置确定

封隔器坐封位置原则上要求选择固井质量好，避开套管接箍的位置。应用一次投送整体式和丢手式套管内滑套压裂管柱封隔器坐封位置一般要求在射孔层段底部 0.5～1m 范围内，以免封隔器上部沉砂过多导致管柱压裂后回收难度大。

压裂滑套的位置主要是根据储层改造需求而定，由于滑套与封隔器分别独立，分段不分簇的压裂管柱压裂滑套的位置要求正对储层射孔段。对于分段分簇压裂，如果射孔段间应力条件相同，要求滑套的位置不能正对射孔层段，如果射孔段间应力差异大，要求滑套的位置正对应力高的射孔层段。

3. 固井完水平井压裂工艺设计

固井完井水平井的压裂是依靠水平井段内分簇射孔，多簇一起压裂，通过簇裂缝的应力干扰达到缝网改造的效果，通过渗流干扰达到储层整体流通，从而实现储层的充分改造。

1）分簇间距优化

对于不同储层物性条件下，在不同的流体黏度下的渗流能力是不同的，储层的渗流条件越好、原油黏度越低，流体的有效渗流距离越长；反之，储层的渗流条件越差、原油黏度越高，流体的有效渗流距离越短。

以 JL 油田 P1 区块的储层条件为例介绍簇间距的优化过程。

P1 区块油层平均深度 1560m，测井计算孔隙度为 19.77%，渗透率为 32.95mD；H1 井测井计算孔隙度为 16.46%，渗透率为 10.11mD；原油密度一般为 0.8716～0.8812t/m³，平均为 0.8748t/m³，原油黏度（50℃）一般为 73.4～107.7mPa·s，平均为 95.3mPa·s。

通过储层的渗流特征及流体特征，可以得出在不同的驱动压力下流体的渗流作用能力，如图 4-1-4 所示。

$$驱动压力 = 地层压力 - 井底流压 = 15MPa - 5MPa = 10MPa$$

在 10MPa 的驱动压力下，流体在一年的有效渗流距离为 25～35m。优化簇间距为 20～25m。

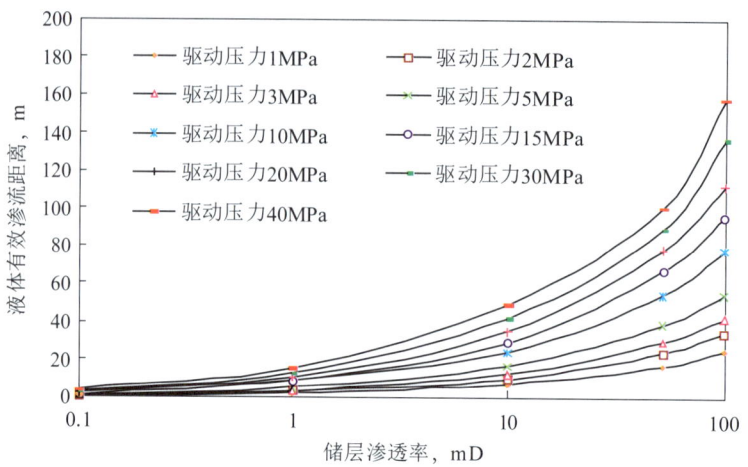

图 4-1-4　P1 区块流体有效渗流距离随渗透率的关系图

2）分簇射孔

分簇射孔技术每级多簇射孔，每簇长度为 0.5～1.0m，孔密为 10～16 孔/m，孔径为 10mm，相位角为 60°，通过分簇缝间应力干扰，使裂缝转向，形成网状裂缝，实现水平井体积改造。

3）段间距优化

对于分段分簇压裂水平井来说，段间距对产能的影响不大，其决定因素是簇间距，而段间距主要取决于目前的压裂设备的施工能力，根据一次可以压裂的簇数来优化压裂段间距，并且段间距的优化还需考虑压裂管柱在水平井水平段的通过性。

对于分段不分簇压裂的段间距优化将在裸眼完井封隔器滑套分段压裂工艺设计单元中阐述。

水平井分簇裂缝的开启条件主要受分簇射孔段间最小水平主应力差决定，应力差小的储层一般容易开启多簇裂缝，孔眼摩阻大于最小水平主应力差才能实现多簇裂缝的开启。孔眼摩阻与排量的关系见表 4-1-3。

表 4-1-3　孔眼摩阻与排量的关系

排量 m³/min	孔眼摩阻，MPa					
	5 孔	10 孔	15 孔	20 孔	25 孔	30 孔
4	10.86	2.72	1.21	0.68	0.43	0.30
4.2	11.98	2.99	1.33	0.75	0.48	0.33
4.4	13.15	3.29	1.46	0.82	0.53	0.37
4.6	14.37	3.59	1.60	0.90	0.57	0.40
4.8	15.64	3.91	1.74	0.98	0.63	0.43
5	16.98	4.24	1.89	1.06	0.68	0.47

续表

排量 m³/min	孔眼摩阻,MPa					
	5孔	10孔	15孔	20孔	25孔	30孔
5.2	18.36	4.59	2.04	1.15	0.73	0.51
5.4	19.80	4.95	2.20	1.24	0.79	0.55
5.6	21.29	5.32	2.37	1.33	0.85	0.59
5.8	22.84	5.71	2.54	1.43	0.91	0.63
6	24.44	6.11	2.72	1.53	0.98	0.68
6.2	26.10	6.53	2.90	1.63	1.04	0.73
6.4	27.81	6.95	3.09	1.74	1.11	0.77
6.6	29.58	7.39	3.29	1.85	1.18	0.82
6.8	31.40	7.85	3.49	1.96	1.26	0.87
7	33.27	8.32	3.70	2.08	1.33	0.92

以目前的施工能力,排量为5m³/min的条件下,一般能压裂15孔,3簇裂缝。根据这个结果优化一段内设计裂缝为3簇,结合簇间距可优化段间距。P1区块簇间距为20～25m,确定段间距为60～75m。

二、裸眼封隔器滑套分段压裂工艺设计

1. 封隔器坐封位置确定

1）裸眼悬挂封隔器坐封位置的确定

悬挂封隔器位置由最大井斜、固井质量、套管接箍、压裂时压裂管柱受力等几个因素决定,因此,悬挂封隔器及回接密封总成部分的下入要求是:

（1）应选择泥质含量高、井眼轨迹稳定、井径扩径小的位置;

（2）坐封位置固井质量要好;

（3）坐封时避开套管接箍;

（4）尾管悬挂封隔器回接密封总成承压要求满足压裂砂堵时达到的最高施工压力。

以DP2井为例：DP2井技术套管固井质量好的井段在2800～3200m,2999m与3011m处有套管接箍,3001.48m井斜为0.75°,井斜度小,悬挂封隔器的坐封位置确定为3001.48m。技术套管固井质量图如图4-1-5所示。

2）压裂滑套位置确定

压裂滑套位置放在显示较好的井段,尽量在两个封隔器中间,以降低管柱刚度。

DP2井应用井径测井数据,在裸眼封隔器滑套多段压裂工艺中井径保持最好位置确定为封隔器坐封位置,在储层物性最好位置确定滑套位置,以保障储层的充分改造,封隔器与滑套位置如图4-1-6所示。

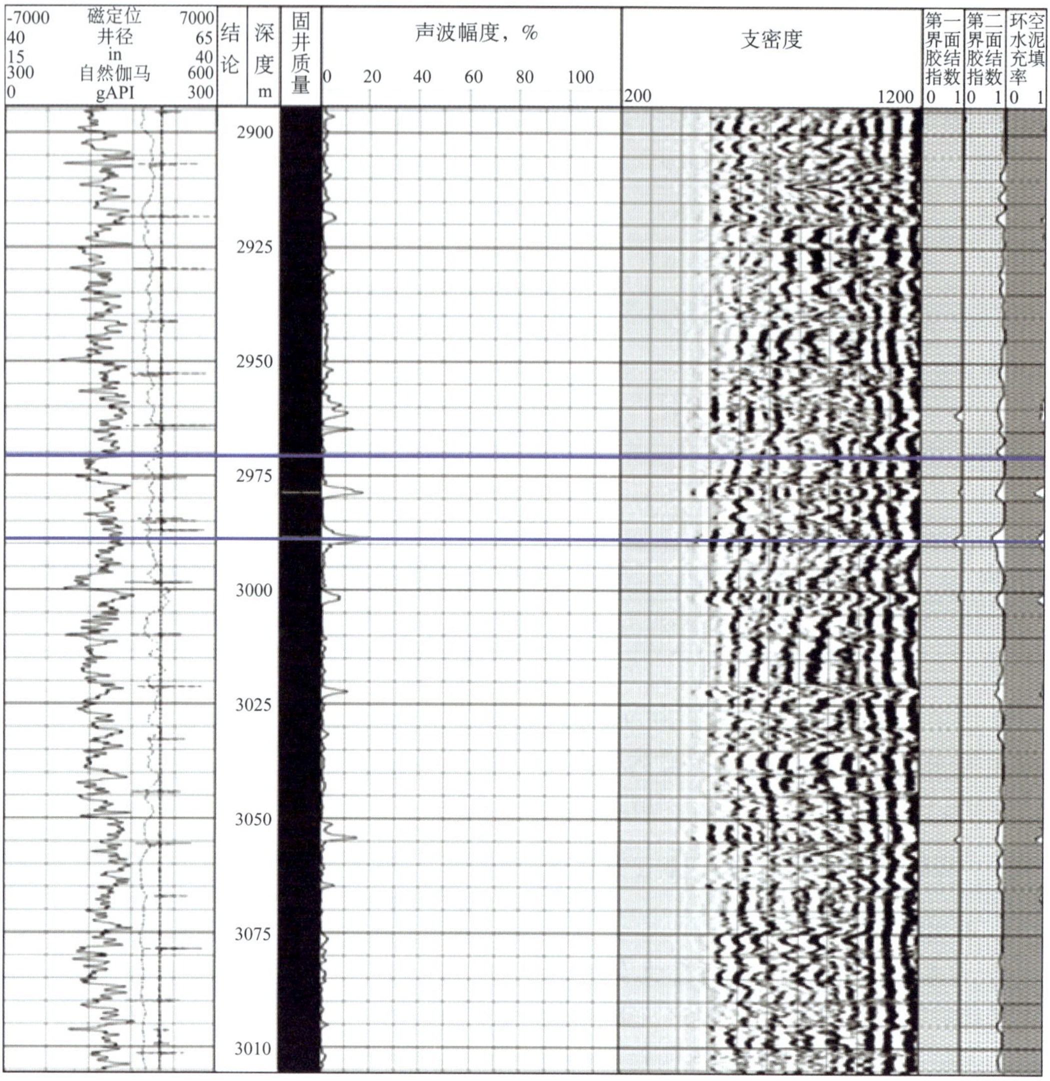

图 4-1-5 DP2 井直井技术套管固井质量图

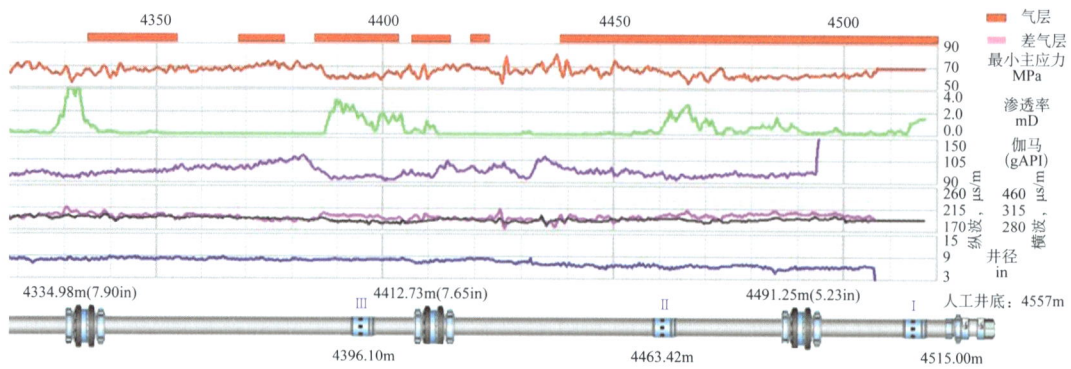

图 4-1-6 DP2 井水平段封隔器与滑套位置图

2. 裸眼完井压裂工艺设计

裸眼完井水平井的压裂主要是依靠水平井段压裂裂缝的横向扩展与纵向沟通能力来完成的，通过多分段以及每一个压裂层段的大规模改造来提高单井的动用程度，以达到储层充分改造的目的。

随着裂缝条数的增加，压裂水平井的产量总体上逐渐增加，但在相同生产时间内，随着裂缝条数的增加，日产量增幅随着裂缝条数的进一步增加逐渐减小。研究表明，在生产一定时间后，水平井中的多条裂缝之间将产生干扰，越靠近内部的缝所受到的干扰越大，产量则越低。具体优化方法及步骤见下一部分。

三、水平井分段压裂优化设计

本部分中水平井分段压裂优化设计包括人工裂缝长度、导流能力和缝间距的优化，以及分段压裂施工参数优化等。

1. 人工裂缝导流能力优化

定量描述水力裂缝导流能力的方法是定义水力裂缝的导流系数 C_f 为裂缝渗透率 K_f 与裂缝宽度 w 的乘积：

$$C_f = K_f w \tag{4-1-1}$$

它是黏度为1的流体，在单位压力梯度作用下通过单位高度裂缝的截面的流量。在无量纲化中，相应形成无量纲导流系数为：

$$C_{fD} = \frac{K_f w}{K x_f} \tag{4-1-2}$$

事实上，物理方程中任何无量纲量都有明确的物理意义。如将无量纲导流能力定义式作如下变形：

$$C_{fD} = \frac{K_f w_f}{K x_f} \cdot \frac{h_f/\mu}{h_f \mu} = \frac{w_f h_f \dfrac{K_f}{\mu}}{x_f h_f \dfrac{K}{\mu}} = \frac{q_{inf}}{q_{outf}} \tag{4-1-3}$$

式中 h_f——裂缝高度，m；

μ——流体黏度，mPa·s。

根据达西定律可知，式（4-1-3 中）分子是单位压力梯度下裂缝允许地层流体进入的流量，而分母是单位压力梯度下裂缝允许缝内流体排出的流量。这样的"一进一出"两者之间一定存在最佳匹配关系，即存在最佳的无量纲导流能力。通过比较复杂的稳态产能分析归纳，发现最佳导流能力满足下列关系式：

$$C_{fD}^{opt} = 1.3418\left(\frac{x_f}{r_e}\right)^3 - 1.4223\left(\frac{x_f}{r_e}\right)^2 + 2.0756\left(\frac{x_f}{r_e}\right) + 0.5821 \tag{4-1-4}$$

式（4-1-4）的积分平均值为：

$$C_{fD}^{opt} = 1.481 \tag{4-1-5}$$

由此可以得出，人工裂缝最佳无量纲导流能力值为 1.481 [式（4-1-5）] 左右，将不同裂缝半长对泄油半径的穿透比条件下的无量纲导流能力做成图版，如图 4-1-7 所示。不同比值条件下，无量纲导流能力介于 0.8～3 之间，随着裂缝穿透比的增大，无量纲导流能力也增大。

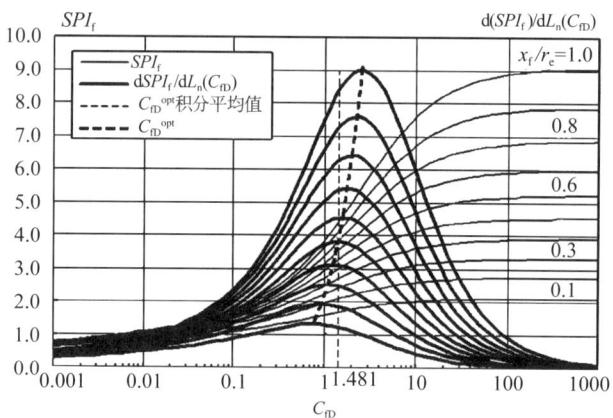

图 4-1-7　无量纲导流能力与产量关系图

对水平井来说，一般情况下是在水平井段上压裂多条人工裂缝，根据压降叠加原理，通过对水平井段中不同位置裂缝产量进行模拟计算，得到图 4-1-8、图 4-1-9 所示结果。

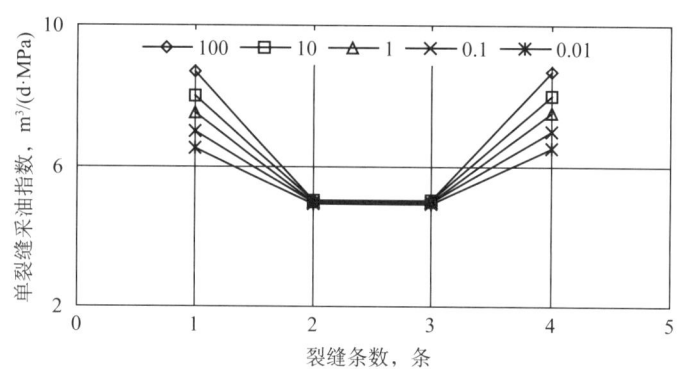

图 4-1-8　裂缝导流能力对单裂缝采油指数的影响曲线

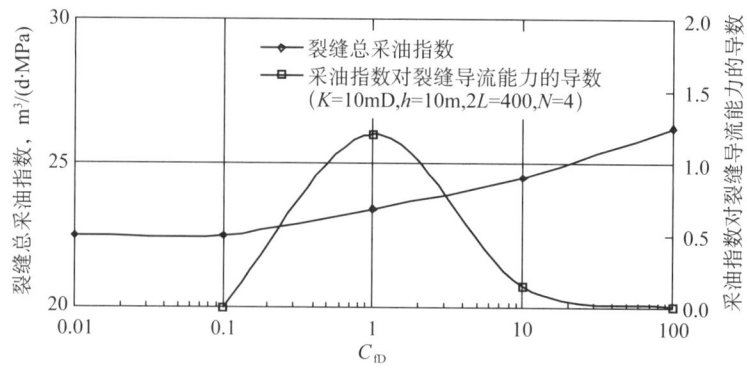

图 4-1-9　裂缝导流能力对总采油指数的影响曲线

从图 4-1-8 可以看出，随导流能力的增加，单裂缝的采油指数增加，两端裂缝采油指数变化大，中间裂缝的采油指数变化小。因此，对于用于采油的压裂水平井在压裂选用支撑剂时，应设法增加两端裂缝的导流能力，减小中间裂缝导流能力；用于注水的压裂水平井在选用支撑剂时做法正好相反。

从图 4-1-9 可以看出，对于水力压裂的裂缝支撑不是导流能力越大越好，而是存在一个最佳值，也就是采油指数随导流能力的增值最大，采油指数的导数存在最大值。

2. 人工裂缝长度优化

有限导流人工裂缝当量井径表述方法如下式所示：

$$r_{equ} = 2x_f \exp\left\{-\left[\frac{3}{2} + f(C_{fD})\right]\right\} \tag{4-1-6}$$

其中

$$f(C_{fD}) = \frac{1.65 - 0.328\mu + 0.116\mu^2}{1.0 + 0.18\mu + 0.064\mu^2 + 0.005\mu^3} \tag{4-1-7}$$

$$\mu = \ln C_{fD} \tag{4-1-8}$$

函数 $f(C_{fD})$ 变化曲线如图 4-1-10 所示。

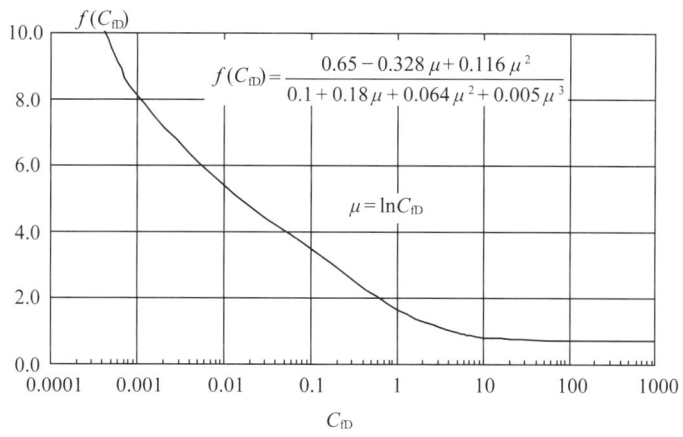

图 4-1-10 函数 $f(C_{fD})$ 变化曲线

则，单裂缝产量模型为：

$$q_f = \frac{0.54287 Kh(p_{avg} - p_{wf})}{\mu B\left(\ln\dfrac{r_e}{r_{equ}} + S_{\theta f}\right)} \tag{4-1-9}$$

其中

$$S_{\theta f} = \ln\left(\frac{4r_{equ}}{L}\frac{1}{\beta\gamma}\right) + \frac{h}{\gamma L}\ln\left(\frac{\sqrt{hL}}{4r_{equ}}\frac{2\beta\gamma\sqrt{\gamma}}{1+\gamma}\right) \tag{4-1-10}$$

$$\begin{cases} \gamma = \sqrt{\cos^2\theta_f + \dfrac{1}{\beta^2}\sin^2\theta_f} \\ L = \dfrac{h}{\cos\theta_f} \end{cases} \quad (4-1-11)$$

以上各式中　　q_f——单裂缝产量，m³/d；

　　　　　　　K——渗透率，mD；

　　　　　　　h——油藏净厚度，m；

　　　　　　　p_{avg}——平均地层压力，MPa；

　　　　　　　p_{wf}——井底流动压力，MPa；

　　　　　　　μ——流体黏度，mPa·s；

　　　　　　　B——体积系数，无量纲；

　　　　　　　r_e——泄油半径，m；

　　　　　　　r_{equ}——当量井径，m；

　　　　　　　$S_{\theta f}$——裂缝负表皮因子，无量纲；

　　　　　　　θ_f——裂缝壁面与垂直方向夹角，(°)。

利用上述公式，对不同渗透率级别条件下的单条人工裂缝长度进行优化，得到如表 4-1-4 和图 4-1-11 所示的关系。

表 4-1-4　不同渗透率级别人工裂缝长度优化结果表

渗透率，mD	0.1	0.2	0.3	0.4	0.5	1	5	10	50
优化缝长，m	300~330	280~300	250~275	230~260	220~250	200~220	150~175	100~125	40~60

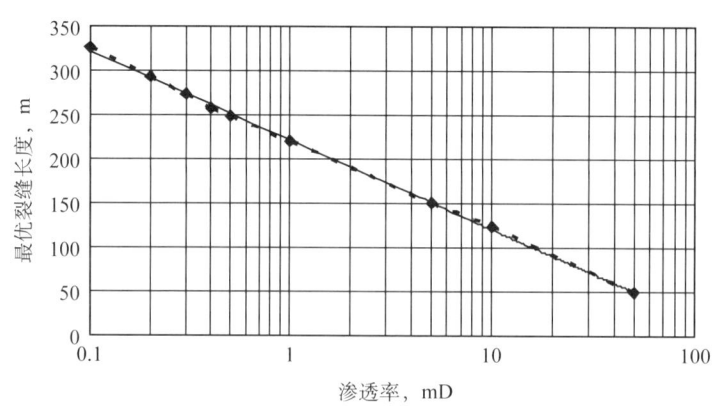

图 4-1-11　不同渗透率级别人工裂缝长度优化结果图

对水平井来说，一般情况下是在水平井段上压裂多条人工裂缝，根据压降叠加原理，通过对水平井段中不同位置裂缝产量进行模拟计算，得到如图 4-1-12 和图 4-1-13 所示结果。

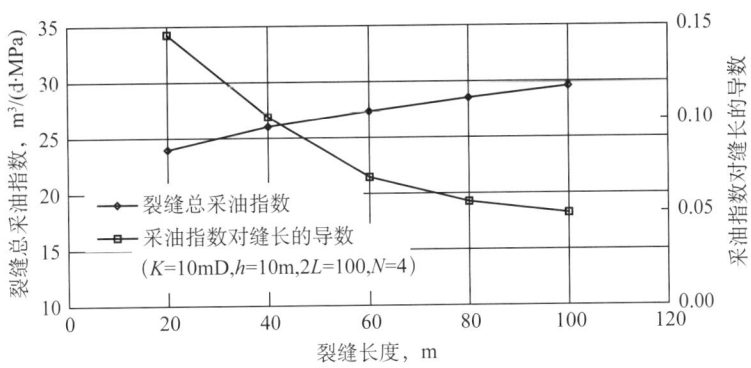

图 4-1-12 裂缝长度对总采油指数的影响曲线

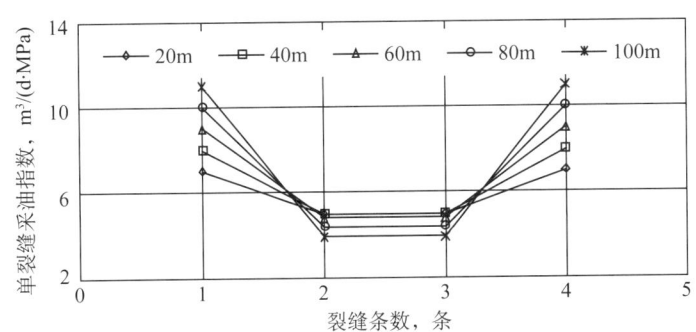

图 4-1-13 裂缝长度对单裂缝采油指数的影响曲线

从图 4-1-12 可以看出，随着裂缝长度的增加，总采油指数的增加幅度逐渐减小，下降型曲线是总采油指数对裂缝长度的导数，表明了随着裂缝长度的增加采油指数增长速度呈下降的趋势，因此并不是压开的裂缝长度越长越好。

从图 4-1-13 可以看出，水平井两端裂缝采油指数相对较高，中间裂缝采油指数较低，因此，采油井比较合理的设计是中部采用适中长度裂缝，两端采用长缝，这样可以达到较好效果。

3. 人工裂缝缝间距优化

根据当量井径定义，人工裂缝位置、人工裂缝长度及当量井径沿水平井段的分布关系如图 4-1-14 所示。

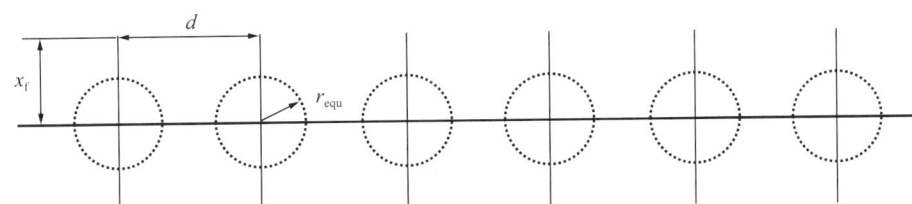

图 4-1-14 人工裂缝位置、长度及当量井径沿水平井段的分布关系图

从图 4-1-14 可以得出裂缝沿水平井井筒分布规则：缝间距离 $d \geqslant 2r_{equ}$，否则有效井径交叠，导致人工裂缝贡献变小。

但必须指出的是，此结论仅对渗透率 5mD 以上储层具有一定指导意义。因为，在此类储层中，流体流动基本遵循达西定律，并且压力传导较快，在相对较短时间内流体流动可达到拟稳态流动状态，缝间干扰明显。

对特低渗透和超低渗透储层，流体流动为非达西流，长期处于非稳态流动状态，达到缝间干扰的时间相对较长，且单裂缝产液量低，单井产量低，因此，为了提高采油速度，使低渗透储量经济有效动用，应适当缩小人工裂缝间距，可定义最优人工裂缝间距为 $d \leqslant 2r_{equ}$，即当量二倍井径作为缝间距的最大值。

4. 压裂施工排量优化

压裂施工参数的优化选择原则和目的主要是为了实现人工裂缝最优参数，其中，施工排量为最敏感和重要的参数。

施工最小排量的确定一般需要通过压前现场小型压裂测试方法获得。在小型压裂测试中，开展升排量测试，通过曲线的拐点确定施工所需最小排量，典型的升排量测试曲线如图 4-1-15 所示。

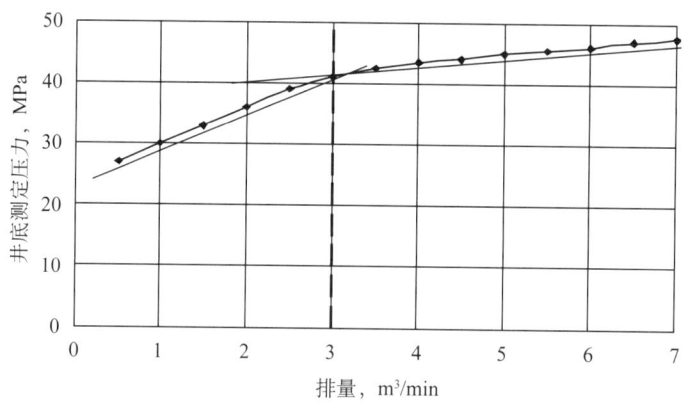

图 4-1-15 典型井升排量测试曲线

从图 4-1-15 可以看出，排量拐点出现在 3m³/min，因此，该井例最低施工排量为 3 m³/min，低于此施工排量则施工可能无法进行。

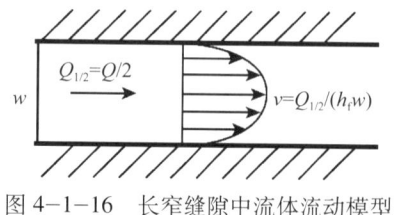

图 4-1-16 长窄缝隙中流体流动模型

但是，必须指出的是，该排量为施工能够正常进行的最低排量 $Q_{测试}$，如果要想达到最佳的人工裂缝设计参数，还需要对施工排量进行优化。

优化施工排量一般根据需要开展理论计算。根据流体力学理论，在长窄缝隙中流体流动模型如图 4-1-16 所示。

在裂缝中流动产生的压降为：

$$\frac{\Delta p_{net}}{\Delta x} = \frac{12\mu Q_{1/2}}{h_f w^3} \tag{4-1-12}$$

因此，从裂缝端部到井筒产生的压降可以表示为：

$$p_{\text{net}} = \frac{6\mu Q x_{\text{f}}}{h_{\text{f}} w^3} \tag{4-1-13}$$

裂缝最大宽度与净压力的表达关系式为：

$$w_0 = \frac{2 h_{\text{f}} p_{\text{net}}}{E'} \tag{4-1-14}$$

合并式（4-1-13）和式（4-1-14）可以得到：

$$Q = \frac{w_0^4 E'}{6\mu x_{\text{f}}} \tag{4-1-15}$$

以上各式中　p_{net}——裂缝内净压力，MPa；

　　　　　　μ——压裂液黏度，mPa·s；

　　　　　　x_{f}——裂缝半长，m；

　　　　　　h_{f}——裂缝高度，m；

　　　　　　E'——平面应变模量，MPa；

　　　　　　w——裂缝宽度，m；

　　　　　　Q——注入排量，m³/min。

因此，结合前述人工裂缝优化结果，通过式（4-1-15）可以计算出所需要缝宽、缝长条件下的最小施工排量 $Q_{理论}$。

两个排量的优选方式为：

$$Q = \max（Q_{理论}，Q_{测试}） \tag{4-1-16}$$

通过式（4-1-16）对比两个排量，选出大值作为最优施工排量。但经常会出现的情况是 $Q_{理论}$ 数值较大，实际设备施工排量无法满足要求，此时可取设备最大施工排量作为最佳施工排量，以尽量满足设计最佳人工裂缝参数要求。

第二节　套管内封隔器滑套分段压裂工艺

水平井套管内封隔器滑套分段压裂工艺包括以 Y444、Y441 和 Y341 型三种封隔器为主组成的工艺管柱类型，三种工艺管柱各自具有优缺点，可满足不同条件下的水平井多段压裂技术需求。

一、Y444 封隔器滑套分段压裂工艺

1. 工艺背景

对于套管内固井射孔完井方式直井来说，机械封隔器分层压裂是一种常规工艺，全国各油田均形成了适合本油田需求的特色工艺管柱。典型单层压裂工艺管柱包括：K344 型封隔器+缩径管工艺管柱，Y221（211）型封隔器+喇叭口工艺管柱，以及桥塞封底工艺管柱等；多层压裂工艺管柱类型包括：K344 型封隔器+水力锚+投球滑套管柱，Y341 型封

隔器+水力锚+投球滑套管柱，以及Y221（211）型封隔器+Y111水力锚型封隔器+投球滑套管柱等。但针对套管内固井射孔完井水平井来说，上述各种工艺管柱在坐封、解封、防卡等方面均存在不适应性，因此，创新性提出了以压缩式封隔器、液压坐封、液压解封为总体技术思路的设计理念，全新开发了Y444封隔器水平井分段压裂工艺管柱。

该工艺管柱典型管柱结构为"93定压喷砂器+Y444-114型封隔器（自带上喷砂器）+UPTBG油管+Y444-114型封隔器（自带上喷砂器）+UPTBG油管+上部保护封隔器（下到直井段）+UPTBG油管+至井口"，如图4-2-1所示。

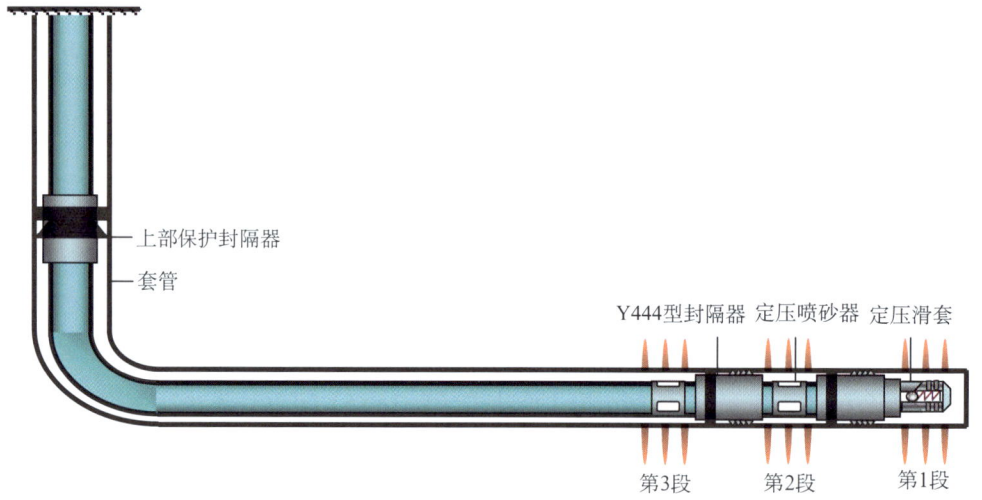

图4-2-1　Y444型封隔器滑套分段压裂工艺示意图

2. 工艺方法

通过油管将工艺管柱下至预定位置，利用泵车打压坐封所有封隔器，再提高压力打落底端的定压滑套，打开最底层压裂通道，自下而上逐段进行压裂作业。

主要压裂作业工序为：

（1）射孔三段。

（2）工具下井前通井、洗井、刮削。

（3）工具下井前一定要检验并记录以下内容：

①工具内通径；

②与工具所对应轻质球尺寸；

③压裂滑套外表面环槽数与所在工具是否对应；

④工具在管柱配接时顺序及位置。

（4）工具入井。根据施工设计按管柱下井示意图所标明的顺序连接工艺管柱。连接好后下井到设计位置，管柱下放过程中，操作平稳，直井段速度不大于10m/min，水平段速度不大于5m/min，避免井下工具受到损害。

（5）封隔器坐封，并打开第一层压裂通道。用泵车采用一档位小油门小排量缓慢向油管内注水打压，当压力达到10MPa时稳压10min，当压力达到20MPa时稳压10min，当压力达到25MPa时稳压10min，当压力达到30MPa时稳压10min，封隔器坐封完成，继续加压,地面观察压力迅速下降,表明定压滑套打开,下层压裂通道打开。

(6) 压裂第一层。坐好压裂井口,连接压裂车组,直接压裂第一层段。

(7) 压裂第二层,解封一封。第一层压裂完成后,向井内投入与工具对应的球棒,送球排量 0.5～1m³/min,将球棒送到与工具对应的压裂滑套处,继续加压到 10～15MPa,将压裂通道打开,进行压裂;压裂完成后投一封解封球棒,解封第一封隔器。

(8) 压裂第三层,解封二封。重复工序(7)。

(9) 起出压裂管柱。拆下井口,上提管柱解封保护封隔器,起出管柱。

(10) 若水平井段压裂超过三段,则需要第二次射孔,利用该管柱重新作业,压裂其他射孔井段。

(11) 若起管柱过程中遇阻或遇卡,则正洗井解卡;若解卡不成功,则投安全接头球棒,退开安全接头,利用液压强拔器或大修措施进行后续处理。

3. 适用条件

目前该工艺管柱能够满足耐温 150℃,耐压差 70MPa,一趟管柱 3 段压裂技术要求。该工艺管柱的主要优点是管柱双向锚定,工具发生井下事故几率低。

(1) 储层条件:储层温度不高于 150℃,储层破裂压力及施工压力不高于 70MPa。

(2) 完井条件:套管固井完井,适用于 5$\frac{1}{2}$in 和 7in 套管井。

(3) 分段条件:一趟管柱压裂段数不超过 3 段,满足长射孔井段、短射孔井段和单段多簇射孔压裂要求。

(4) 适用于新井投产改造和老井措施增产重复改造。

二、Y441 型封隔器滑套分段压裂工艺

1. 工艺背景

Y444 型封隔器工艺管柱具有液压式坐封、液压式解封、动作稳定可靠的优点,能够满足一趟管柱压裂三段的要求,但也有其弊端,主要表现在以下三个方面:第一,Y444 型封隔器工艺管柱解封需要投入球棒,打液压来实现,如果压裂过程中出现砂堵,并且正替液不通,压裂管柱中沉砂,则球棒无法送,管柱无法解封,造成重大井下事故;第二,压裂过程中施工压力超过管柱承压能力,使得油管撕裂,导致球棒投送不到位,或无法提高到封隔器解封压力级别,造成管柱无法解封;第三,该工艺管柱由于结构设计原因,最多能实现三段压裂,长水平井段超过三段压裂井施工效率低。

鉴于以上原因,需对 Y444 型封隔器工艺管柱进行改进。封隔器方面通过对封隔器设计结构的优化,改为 Y441 型;滑套采用分体式设计,缩小球座之间的级差;球棒改为轻质球,形成了 Y441 型封隔器工艺管柱,包括两种管柱类型。

针对中浅层压裂施工压力较低的水平井,采用由油管连接多个 Y441 型封隔器+投球滑套组成的一次投送整体式管柱,典型工艺管柱组成为"93 定压喷砂器+Y441-114 型封隔器(Ⅱ号工具)+第 14 级压裂滑套+UPTBG 油管+……+Y441-114 型封隔器(Ⅱ号工具)+第 1 级压裂滑套+UPTBG 油管+Y441-114 型封隔器(1 号工具)+UPTBG 油管至井口",如图 4-2-2 所示。

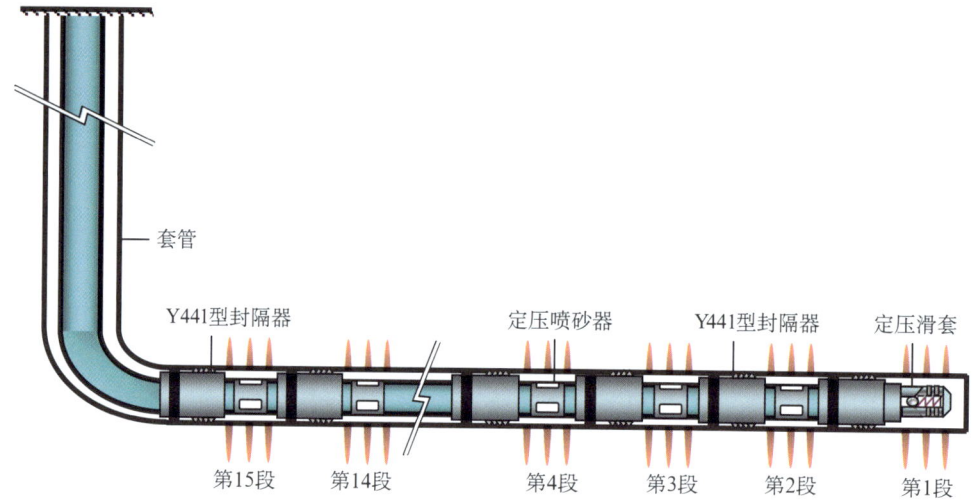

图 4-2-2　整体式 Y441 型封隔器滑套分段压裂工艺

针对中深层压裂施工压力较高的水平井，采用由油管传输 Y445 型丢手封隔器 + 多个 Y441 型封隔器 + 投球滑套组成的一次投送分体式管柱，形成上部套管、下部油管的管柱形式，降低沿程摩阻。典型工艺管柱组成为"93 定压喷砂器 +Y441-114 型封隔器（Ⅱ号工具）+ 第 14 级压裂滑套 +UPTBG 油管 +……+Y441-114 型封隔器（Ⅱ号工具）+ 第 1 级压裂滑套 +UPTBG 油管 +Y445-114 型丢手封隔器（Ⅰ号工具）"，如图 4-2-3 所示。

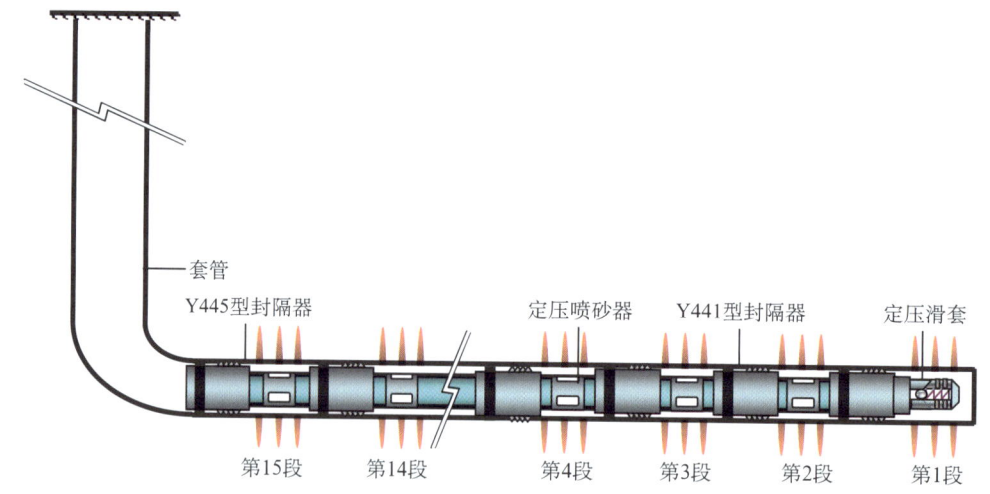

图 4-2-3　丢手式 Y441 型封隔器滑套分段压裂工艺

2. 工艺方法

通过油管将 Y441 型封隔器滑套分段压裂工艺管柱下至预定位置，利用泵车打压坐封所有封隔器，再提高压力打落底端的定压滑套，打开最底层压裂通道；对于丢手式 Y441 型封隔器滑套分段压裂工艺管柱，还需要投丢手球，打开丢手封隔器丢手，提出上部管柱。然后，自下而上逐段进行压裂作业。

主要压裂作业工序为：

(1) 一次性射孔15段。

(2) 工具下井前通井、洗井、刮削。

(3) 工具地面识别。93单孔压裂滑套外表面加工有标志槽，第1级为1道环槽、第2级为2道环槽、第3级为3道环槽、第4级为4道环槽、第5级为5道环槽、第6级为6道环槽、第7级为7道环槽、第8级为8道环槽、第9级为9道环槽；103三孔压裂滑套外表面加工有标志槽，第1级为1道环槽、第2级为2道环槽、第3级为3道环槽、第4级为4道环槽、第5级为5道环槽。

(4) 当管柱多级封隔器配套使用时，一定要确定压裂滑套外表面环槽数从上至下依次下级大于上级环槽数。

(5) 工具下井前一定要检验并记录以下内容：

①工具内通径；

②与工具所对应轻质球尺寸；

③压裂滑套外表面环槽数与所在工具是否对应；

④工具在管柱配接时顺序及位置。

(6) 工具入井。根据施工设计按管柱下井示意图所标明的顺序连接工艺管柱。连接好后下井到设计位置，管柱下放过程中，操作平稳，直井段速度不大于10m/min，水平段速度不大于5m/min，避免井下工具受到损害。

(7) 封隔器坐封。用泵车采用一档位小油门小排量缓慢向油管内注水打压，当压力达到10MPa时稳压10min，当压力达到20MPa时稳压10min，当压力达到25MPa时稳压10min，当压力达到30MPa时稳压10min，封隔器坐封完成。继续加压，地面观察压力迅速下降，表明定压滑套打开，下层压裂通道打开。

(8) 顶封隔器丢手脱开。向油管内投ϕ35mm轻质球，用泵车向油管内注水打压，当压力达到10～15MPa时，地面压力迅速下降，上提管柱悬重不增加，表明工具已经丢手，提出顶封隔器上部管柱，坐好压裂井口，压裂第一层段。

(9) 压裂其他层。1号层压裂完成后，向井内投入与工具对应的轻质球，送球排量0.5～1m³/min，将轻质球送到与工具对应的压裂滑套处，继续加压到10～15MPa，将压裂通道打开，进行压裂。

(10) 排液投产。

(11) 后期起压裂管柱：

①用UPTBG油管下井到水平段，排量0.5m³/min反洗至鱼顶，起出光油管。

②用UPTBG油管连接Y445-114型丢手封隔器专用可退打捞工具下井到鱼顶以上1m，正洗冲鱼顶，下放管柱与鱼顶对接再上提悬重上升，继续上提悬重突然下降，表明Y445-114型丢手封隔器解封，解封后排量0.5m³/min反洗到出液口无压裂砂为止，提出管柱。

③如果与Y441-114型封隔器脱开，用UPTBG油管连接Y441-114型封隔器专用可退打捞工具下井，重复以上步骤。

3. 适用条件

目前该工艺管柱能够满足耐温150℃，耐压差70MPa，一趟管柱15段压裂技术要求。该工艺管柱的主要优点是管柱双向锚定，可靠性高，施工效率高。

（1）储层条件：工艺管柱耐温150℃，耐压差70MPa。针对中浅储层，推荐采用整体式管柱，提高起管柱作业效率；针对中深储层，推荐采用丢手式管柱，降低沿程摩阻，降低井口施工压力。

（2）完井条件：套管耐压等级大于最高施工压力，固井完井，适用于 5$\frac{1}{2}$in 和 7in 套管井。

（3）分段条件：一趟管柱压裂段数 15 段，满足多段压裂要求。

（4）适用于新井投产改造和老井措施增产重复改造。

三、Y341 型封隔器滑套分段压裂工艺

1. 工艺背景

虽然 Y441 型封隔器工艺管柱具有双向锚定、管柱可靠性高、施工效率高的优点，能够满足一趟管柱压裂 15 段的要求，但是由于所有封隔器均带有双向卡瓦，对压裂管柱的顺利起出具有不利影响。因此，改进形成了以 Y341 型封隔器为主工具，与 Y445 型和 Y441 型封隔器相配合的工艺管柱，可满足一趟管柱压裂 12 段要求，包括整体式和丢手式两种管柱类型。

针对中浅层压裂施工压力较低的水平井，采用由油管连接多个 Y341 型封隔器 + 投球滑套组成的一次投送整体式管柱，典型工艺管柱组成为"93 定压喷砂器 +Y441-110 型封隔器（Ⅲ号工具）+ 第 11 级压裂滑套 +UPTBG 油管 +Y341-110 型封隔器（Ⅱ号工具）+ 第 10 级压裂滑套 +UPTBG 油管 +Y341-110 型封隔器（Ⅱ号工具）……+Y341-110 型封隔器（Ⅱ号工具）+ 第 1 级压裂滑套 +UPTBG 油管 +Y441-114 型封隔器（Ⅲ号工具）+UPTBG 油管至井口"，如图 4-2-4 所示。

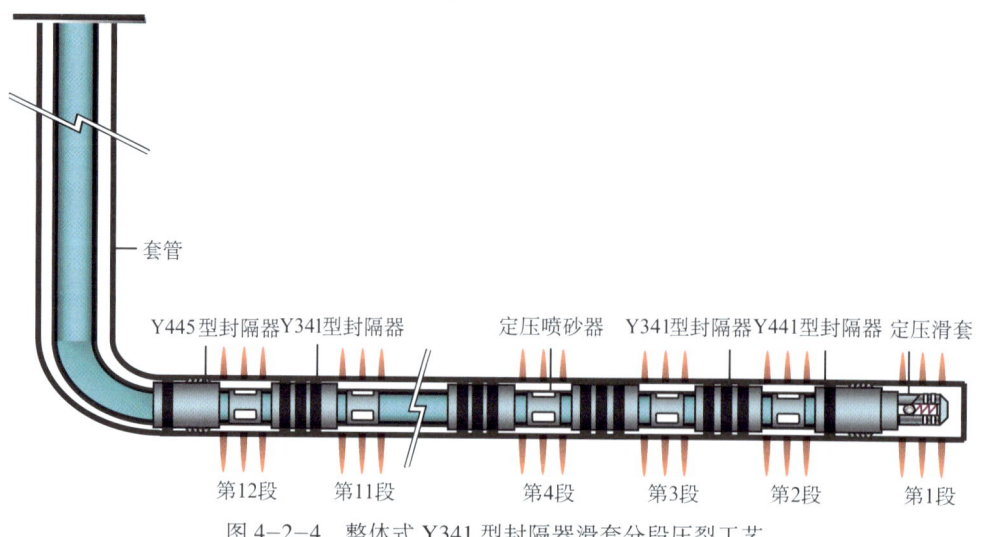

图 4-2-4 整体式 Y341 型封隔器滑套分段压裂工艺

针对中深层压裂施工压力较高的水平井，采用由油管传输 Y445 型丢手封隔器 + 多个 Y341 型封隔器 + 投球滑套组成的一次投送分体式管柱，形成上部套管，下部油管的管柱形式，降低沿程摩阻。典型工艺管柱组成为"93 定压喷砂器 +Y441-110 型封隔器（Ⅲ号工具）+ 第 11 级压裂滑套 +UPTBG 油管 +Y341-110 型封隔器（Ⅱ号工具）+……+Y341-110

型封隔器（Ⅱ号工具）+第 1 级压裂滑套+UPTBG 油管+Y445-114 型丢手封隔器（Ⅰ号工具）"，如图 4-2-5 所示。

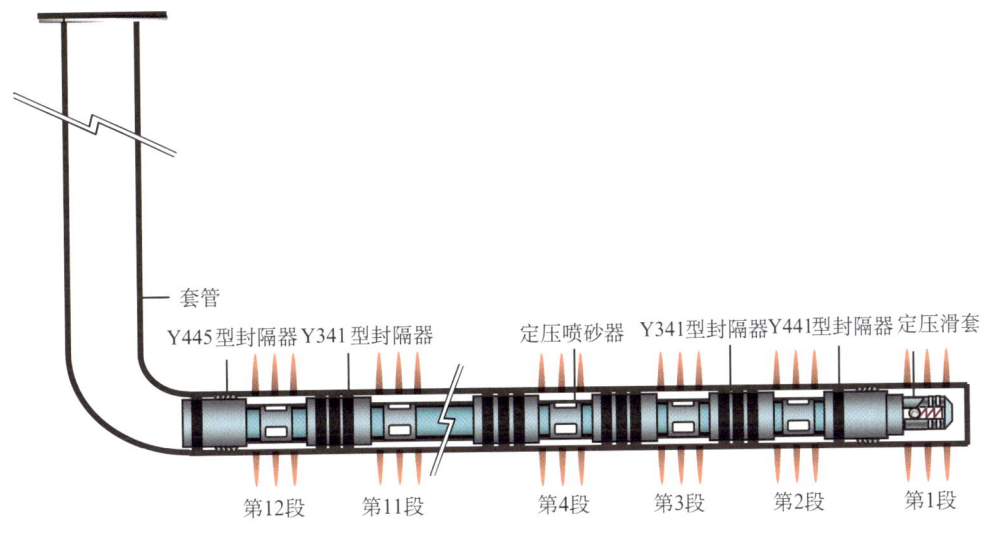

图 4-2-5　丢手式 Y341 型封隔器滑套分段压裂工艺

2. 工艺方法

同 Y441 型封隔器工艺管柱。

3. 适用条件

(1) 储层条件：工艺管柱耐温 150℃，耐压差 70MPa。针对中浅储层，推荐采用整体式管柱，提高起管柱作业效率；针对中深储层，推荐采用丢手式管柱，降低沿程摩阻，降低井口施工压力。

(2) 完井条件：套管耐压等级大于最高施工压力，固井完井，适用于 $5\frac{1}{2}$in 和 7in 套管井。

(3) 分段条件：一趟管柱压裂段数 12 段，满足多段压裂要求。

(4) 适用于新井投产改造和老井措施增产重复改造。

第三节　裸眼封隔器滑套分段压裂工艺

水平井完井压裂一体化技术发展于 2000 年以后，主要技术思路为：通过套管连接由裸眼封隔器和裸眼滑套组成的多段完井压裂管柱入井，利用液压方式实现封隔器坐封，通过投球打开滑套实现不同层段压裂。该技术典型代表为斯伦贝谢公司的 StageFrac 和哈里伯顿公司的 FracPoint。吉林油田等结合两大公司产品的优势，全新研发了水平井裸眼封隔器可开关滑套多段压裂系统，满足二开、三开井身结构裸眼完井多段压裂需求，重点解决了完井压裂管柱顺利下入、段间有效封隔和储层充分改造等关键技术，并且可以实现后期层段间选择性生产。

一、二开完井裸眼封隔器滑套分段压裂工艺

1. 工艺背景

该工艺可实现储层上部至井口岩石稳定，不易垮塌、掉块、漏失的区块二开完井的要求，节约钻完井成本。典型管柱结构为"浮鞋＋坐封球座＋压差压裂阀＋裸眼锚定封隔器＋裸眼压裂封隔器＋开关式滑套压裂阀＋裸眼压裂封隔器＋……＋裸眼锚定封隔器＋裸眼压裂封隔器＋固井阀＋套管"，如图4-3-1所示。

目前该工艺能够满足耐温150℃，耐压差70MPa，可满足 $5\frac{1}{2}$in、$4\frac{1}{2}$in 和 $3\frac{1}{2}$in 套管完井压裂技术要求，提高了施工作业效率和工艺管柱的安全性，是一种先进、安全、可靠、高效的水平井分段改造工艺技术。

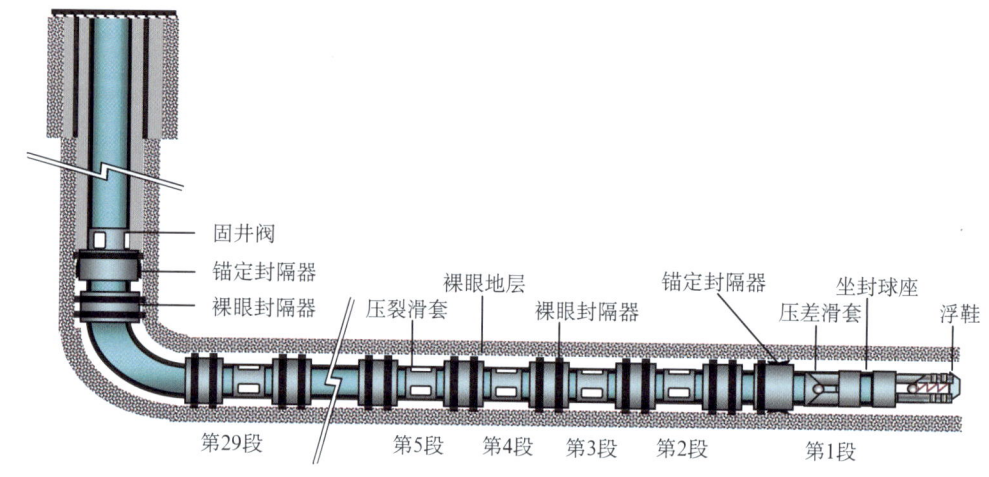

图4-3-1 二开完井裸眼封隔器滑套分段压裂工艺

2. 工艺方法

连接完井管柱串，下至预定位置，采用KCl水溶液循环并坐封封隔器，自下而上依次逐段进行压裂作业。

主要完井压裂作业工序为：

1）井筒准备

（1）套管刮削。

①在悬挂封隔器设计坐封位置上、下各30m范围内反复刮削3次，有变径的井段要特别注意，控制下放速度。

②在套管段有连接工具部位（如有分级箍、回接筒等）要缓慢通过，严禁旋转。如果遇阻3t不能通过，不能强行下放，起出刮管管柱，请示甲方现场监督后再商讨下步处理方案；如刮管不顺畅，在阻力大的井段反复活动，直到刮管顺畅为止。

③刮管过程中分段进行钻井液循环，循环钻井液时启动固控设备，达到出口钻井液与钻井设计的钻井液性能基本一致。

（2）通井规通井。

①通井规通井到套管鞋以上10～15m，在悬挂器坐挂井段上下各30m范围反复刮

3 次。

②循环钻井液时，启用固控设备除去钻井液中可能存在的固相颗粒。

(3) 钻头通井。用钻头通井到井底，通井管串结构：牙轮钻头＋斜坡钻杆＋加重钻杆＋斜坡钻杆＋井口。

(4) 模拟管串通井。

①第一次模拟通井：单西瓜皮磨鞋通井，模拟管串结构：牙轮钻头＋斜坡钻杆 1 根＋西瓜皮磨鞋 1 个＋斜坡钻杆＋加重钻杆＋斜坡钻杆＋井口；通井到井底后，上提 2m，用原钻井液循环，直到进出口钻井液性能一致。

②第二次模拟通井：双西瓜皮磨鞋通井，模拟管串结构：牙轮钻头＋斜坡钻杆 1 根＋西瓜皮磨鞋 1 个＋斜坡钻杆 1 根＋西瓜皮磨鞋 1 个＋斜坡钻杆＋加重钻杆＋斜坡钻杆＋井口；通井到井底后，上提 2m，用原钻井液循环，直到进出口钻井液性能一致。

2) 多级压裂工具下入以及坐封

(1) 按要求连接工具。

(2) 按照预定设计的位置下入完井管柱。管柱下到预定位置后，复核管柱数据，调整封隔器位置。

(3) 用 KCl 水溶液顶替井筒内钻井液，地面管线连接要求：水泥头—立管—立管三通—注液管线—泵车—KCl 液罐。

3) 坐封封隔器

憋压到 12MPa，稳压 10min，提高压力到 15MPa，稳压 10min；此时悬挂器卡瓦张开锚定；继续提高压力到 17MPa，裸眼封隔器启动坐封；继续提高压力到 20MPa，稳压 10min，提高压力到 25MPa，稳压 10min，此时悬挂器及裸眼封隔器坐封完成。

4) 固井作业

(1) 下桥塞：用油管下入可捞式桥塞，距顶部裸眼压裂封隔器以上 3～5m 的套管内，坐封并丢手。

(2) 填砂：上提管柱 20m，井口放漏斗，缓慢倒入压裂砂（压裂石英砂 20～40 目）0.1m³，静置 4～5h，等待沉砂。

(3) 开固井阀：上提管柱 10m，钻井液循环，直至进出口钻井液性能一致；下放管柱直至遇阻，遇阻位置作标记，继续下放管柱遇阻载荷达到 6t，记录管柱下行距离，判断固井阀是否打开。

(4) 挤水泥固井：试循环，试验挤注水泥通道是否畅通；挤注水泥，按常规挤注水泥、压塞、碰压、关闭注水泥通道。

(5) 磨铣水泥塞、清洗井筒：钻具组合，ϕ118mm 平底磨鞋＋ϕ105mm 钻铤（或ϕ89mm 钻铤）2 根＋ϕ73mm 钻杆；扫至填砂段中点（离桥塞 5m 左右），充分循环，下放管柱冲砂探鱼顶，起出钻具。

(6) 捞桥塞：油管携带专用打捞工具，下放至预定位置，解封桥塞，起出。

5) 压裂作业

(1) 打开压差滑套，压裂最底层；上泵车从油管打压到 35MPa，稳压 3min，打开压差滑套，如果滑套尚未打开，逐步提高压力，每次提高 3MPa，稳压 3min，直至滑套打开。

(2) 投球，打开第二级滑套，进行下一段储层的加砂作业。

(3) 重复（2）完成水平井分段压裂施工。

6) 后续作业

(1) 球及球座钻铣：利用带转盘作业机或连续油管井下动力马达驱动，油管或连续油管连接专用磨鞋钻铣球及球座；钻铣完成后，利用强磁打捞器打捞井下碎屑物，并通洗井。

(2) 层段选择性生产：用油管或连续油管连接滑套专用开关工具，到预定位置后加液压张开开关爪，上提打开滑套开关，下推关闭滑套开关。

3. 适用条件

1) 储层条件

(1) 自井口至储层井眼稳定，不易坍塌、掉块、漏失，保证管柱串顺利下入；

(2) 储层上部无浅气层、高压油水层等井控风险较高因素；

(3) 非环保区油井。

2) 完井条件

适用于 $5\frac{1}{2}$in、$4\frac{1}{2}$in 和 $3\frac{1}{2}$in 套管完井压裂，可分别实现 29 段、26 段和 16 段完井压裂。

3) 管柱指标

耐温 150℃，耐压差 70MPa。

二、三开完井裸眼封隔器滑套分段压裂工艺

1. 工艺背景

该工艺主要针对储层上部至井口岩石不稳定，易垮塌、掉块、漏失的区块而研发，采用三开完井工艺管柱，典型管柱结构为"浮鞋 + 坐封球座 + 压差压裂阀 + 裸眼锚定封隔器 + 裸眼压裂封隔器 + 开关式滑套压裂阀 + 裸眼压裂封隔器 + …… + 裸眼压裂封隔器 + 悬挂器 + 回接管柱"，如图 4-3-2 所示。

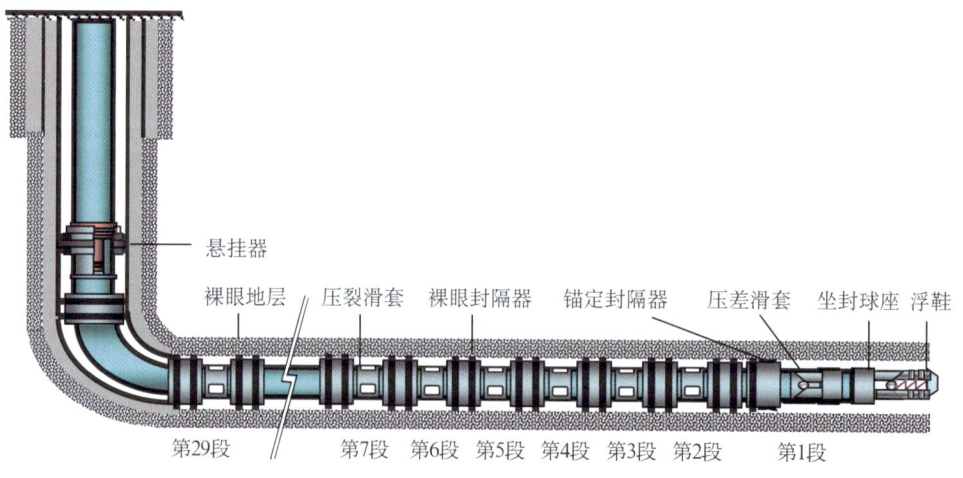

图 4-3-2 三开完井裸眼封隔器滑套分段压裂工艺

目前该工艺能够满足耐温 150℃，耐压差 70MPa，可满足 $5\frac{1}{2}$in、$4\frac{1}{2}$in 和 $3\frac{1}{2}$in 套管完井压裂技术要求，提高了施工作业效率和工艺管柱的安全性，是一种先进、安全、可靠、高效的水平井分段改造工艺技术。

2. 工艺方法

连接完井管柱串，利用钻杆连接管柱串下至预定位置，采用 KCl 水溶液循环并坐封封隔器，自下而上依次逐段进行压裂作业。

主要完井压裂作业工序为：

1）井筒准备

同二开完井裸眼可开关滑套多段压裂系统。

2）多级压裂工具下入以及坐封

同二开完井裸眼可开关滑套多段压裂系统。

3）坐封封隔器，并丢手、验封

（1）坐封封隔器：憋压到 12MPa，稳压 10min，提高压力到 15MPa，稳压 10min；此时悬挂器卡瓦张开锚定；继续提高压力到 17MPa，裸眼封隔器启动坐封；继续提高压力到 20MPa，稳压 10min，提高压力到 25MPa，稳压 10min，此时悬挂器及裸眼封隔器坐封完成。

（2）丢手：环空打压 15MPa，悬挂器丢手，泄压；若丢不开，投悬挂封隔器丢手球，钻杆打压到 30MPa 悬挂器丢手，泄压；如果仍未丢开，上提钻杆正旋管柱丢手。

4）下回接管柱

（1）回接管柱结构：回接插头 + 水力锚 + 回插套管 + 调整短套管 + 油管挂 + 油补距 + 井口（各数据以实际测量和下探配长数据为准）。将回接插头插入回接密封筒内，坐上油管挂后，拧紧顶丝。

（2）检验插入管的密封性：环空试压 15MPa，稳压 15min，压降不超过 0.3MPa 为合格。

5）压裂作业

同二开完井裸眼可开关滑套多段压裂系统。

6）后续作业

同二开完井裸眼可开关滑套多段压裂系统。

3. 适用条件

1）储层条件

储层井眼稳定，不易坍塌、掉块、漏失，保证管柱串顺利下入。

2）完井条件

适用于 $5\frac{1}{2}$in、$4\frac{1}{2}$in 和 $3\frac{1}{2}$in 套管完井压裂，可分别实现 29 段、26 段和 16 段完井压裂。

3）管柱指标：

耐温 150℃，耐压差 70MPa。

第五章 封隔器滑套分段压裂现场控制技术

随着水平井技术发展,水平井已经成为低渗透油气藏提高效益开发的必要措施,由于水平井井身结构、完井方式以及压裂技术的实施较直井有很大差别,而且更为复杂,对于水平井裸眼封隔器滑套完井,需要结合地质条件、地层的可钻性和井眼稳定性进行详细论证,保障完井工具的顺利入井;对于水平井套管固井完井,保障长水平段固井质量是实现多段多簇体积改造的前提,射孔工艺与裂缝起裂的匹配尤为重要,合理的施工参数控制使每条裂缝都能充分扩展,压后压裂管柱及工具顺利起出能够保证井筒完整性。

在封隔器滑套分段压裂工艺现场控制过程中,要求准确地计算地层应力,合理控制施工参数,建立配套的工艺规范,确保施工质量控制、安全高效控制和清洁环保控制。

第一节 施工参数控制

压裂施工参数的选择首先是能否压开油层的问题,这就涉及对油藏的认识问题,如地应力、岩石性质与地层的滤失性。其次,通过泵注压裂液与支撑剂来实施最优化裂缝问题,而压裂材料性能的选择与施工参数是相互关联的。第三,考虑压裂设计条件的限制,即依据压开油层与形成最优化裂缝,在设备允许的最有效与安全操作下进行。

因此,压裂施工参数中占首要地位的是压力,在井底压力大于地层破裂压力时才能压开地层。施工参数中其次应考虑排量因素,排量与压裂液性能共同控制着裂缝压力的变化,导致影响支撑剂输送与裂缝几何形状。当施工时净压力处于临界压力时,在施工时满足造缝与输砂条件下不希望裂缝压力超压从而引起滤失严重增加。除此之外,在施工参数中还应包括压裂规模和加砂程序的优化,即合理的施工总量、前置液用量、不同支撑剂加砂顺序、加砂浓度和注入方式等,以保证实现最优化裂缝的要求。

一、储层地应力计算

随着地应力测量理论、方法的不断改进和测量技术的不断发展,常用的储层地应力认识主要有三种方式,首先是岩心的岩石力学测试即超声波法;其次是利用测井数据对储层地应力参数进行计算;第三是小型注入压裂测试拟合。

1. 岩心声波法测试地层应力

岩石的声发射活动能够"记忆"岩石所受过的最大应力,这种效应称为凯塞尔(Kaiser)效应(Kanagawa,1977)。凯塞尔效应的物理机制可认为岩石受力后发生微破裂。微破裂发生的频度随应力增加而增加。声发射凯塞尔效应试验可以测量野外曾经承受过的最大压应力。

该类实验一般要在压机上进行,测定单向应力。在 MTS 电液伺服系统以某一加载速率均匀地给在高压井筒内的岩样施加轴向载荷（岩样同时承受围压），声发射探头牢固地贴在柱塞上，柱塞与岩心端面密切接触，用它来接收加载过程中岩石的声发射信号，岩样所受的载荷及声信号同时输入 Locan AT—14ch 声发射仪进行处理、记录，给出岩样的声发射信号随载荷变化的关系曲线图。在声发射信号曲线上找出突然明显增加处声发射信号，记录下此处载荷大小，即为岩石在地下该方向上所受的地应力。为了测定岩样在地下所受的三个主地应力（一个垂直方向、两个水平方向主地应力），可通过对岩样在不同方向取心进行试验来得到。一般要测得三个地应力，则至少应在 4 个方向（一个垂直方向、三个各相隔 45°角的水平方向）取出 4 个小岩心（图 5-1-1），然后通过声发射法测得该 4 个岩心在地下所受的正压力，并将其代入式（5-1-1）即可求得试样在地下所受的三个主地应力：

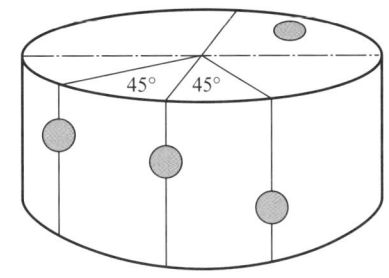

图 5-1-1 声发射试验岩心取样示意图

$$\sigma_H = \frac{\sigma_1+\sigma_3}{2} + \frac{\sigma_1-\sigma_3}{2}\sqrt{1+\tan^2(2\alpha)} + \alpha p_p - p_c$$

$$\sigma_h = \frac{\sigma_1+\sigma_3}{2} - \frac{\sigma_1-\sigma_3}{2}\sqrt{1+\tan^2(2\alpha)} + \alpha p_p - p_c \quad (5-1-1)$$

$$\tan(2\alpha) = \frac{\sigma_1+\sigma_3-2\sigma_2}{\sigma_1-\sigma_3}$$

$$\sigma_v = \sigma_\perp + \alpha p_p - p_c$$

式中 σ_1，σ_2，σ_3——水平方向三个各相隔 45°岩心的凯塞尔点正应力，MPa；

$\sigma_\perp$——垂直方向岩心的凯塞尔点正应力，MPa；

σ_H，σ_h——最大、最小水平主地应力，MPa；

σ_v——上覆地层压力，MPa；

α——有效应力贡献系数，MPa；

p_p——地层孔隙压力，MPa；

p_c——高压井筒内岩心承受的围压，MPa。

在实际应用中，上覆岩层压力可通过密度测井精确测得，因此，也可通过在水平方向上各相隔 45°取三块小岩心进行凯塞效应试验来确定水平主地应力。

2. 压裂测试测量地层地应力

水压致裂法测量地应力具有许多独特的优点，是目前进行深部绝对应力测量最精确的方法，在岩体工程、石油钻探以及地震研究等领域得到了广泛应用，以竖直钻孔确定水平应力最为常用。它是根据试验测得的地层破裂压力，瞬时停泵压力，裂缝重张压力反算地应力。其基本假设为：

（1）测量段岩石是均质各向同性的线弹性体，有很低的渗透率。

（2）水力压裂的模型可简化为一个无限大岩石平板中有一个圆孔，圆孔孔轴与垂向应力平行，在平板内作用着两个水平主应力 σ_H 和 σ_h，如图 5-1-2 所示。

（3）水压致裂的初裂缝面是直立平行于孔轴的。

（4）有相当长的一段裂缝面和最小水平主应力方向垂直。

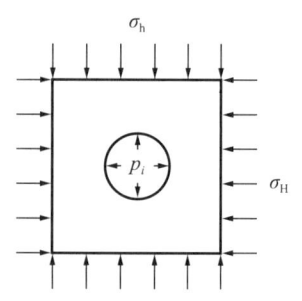

图 5-1-2　井壁受力的力学模型

从力学上说，地层压裂是由于井内压力过大使岩石所受的周向应力超过岩石的抗拉强度而造成的，即 $\sigma_\theta = -S_t$（S_t 为拉伸强度），从式（5-1-2）中可以看出，当 p_i 增大时，σ_θ 变小，当 p_i 增大到一定程度时，σ_θ 将变成负值，即岩石所受周向应力由压缩变为拉伸，当这种拉伸力大到足以克服岩石的抗拉强度时，地层产生破裂。破裂发生在 σ_θ 最小处即 $\theta=0°$ 或 180° 处，此时 σ_θ 值为：

$$\sigma_\theta = 3\sigma_h - \sigma_H - p_p - p_i \tag{5-1-2}$$

即可得岩石产生拉伸破坏时井内液柱压力（即地层破裂压力）为：

$$p_f = 3\sigma_h - \sigma_H - p_p + S_t \tag{5-1-3}$$

在地层压裂后，瞬时停泵，此时裂缝不再向前扩展，但仍保持开启，此时的压力 p_s（瞬时停泵压力）应与垂直裂缝的最小地应力相平衡，即有 $\sigma_h = p_s$，利用 p_f、p_s 和 p_r 三个从压裂压力曲线上可以直接读得的压力值，即可反算地层地应力：

$$\begin{cases} \sigma_h = p_s \\ \sigma_H = 3\sigma_h - p_f - p_p + S_t = 3p_s - p_p - p_r \\ S_t = p_f - p_r \end{cases} \tag{5-1-4}$$

3. 测井数据计算地应力

利用测井资料分析地应力具有其独特的优越性。其成本相对较低，不仅可以得到连续沿井地应力剖面而且可以选定区域储层对其弹性特征、地应力等进行平面展布分析，油层的压裂改造技术与地应力是分不开的。地应力的分布状态不仅决定水力压裂裂缝的延伸方向，同时影响压裂几何形状的发展。

1）建立常规测井曲线拟合地应力剖面方法

通常的补偿声波测井所测得的是声波在岩石中传播时的纵波时差（Δt_p），声波在岩石中传播时的横波时差（Δt_s）一般可以从全波测井中获得。实际上许多油气井均未进行全波测井，仅有补偿声波测井资料。利用常规纵波时差求横波时差，建立应用常规测井曲线拟合地应力剖面方法，通过小型压裂测试确定闭和压力校正应力分析中的构造应力系数，最终可以计算出准确的地应力，采用岩性相对均一的经验公式，有：

$$\Delta t_s = \frac{\Delta t_p}{\left[1 - 1.15 \dfrac{(1/\rho_b) + (1+\rho_b)^3}{e^{1/\rho_b}}\right]^{1.5}} \tag{5-1-5}$$

式中　Δt_s——横波时差，μs/m；

Δt_p——纵波时差，μs/m；

ρ_b——岩石密度，g/cm³。

在实际生产中对于各种类型、各个层位的岩石，不可能都采用实验方法取得其静态弹性参数，通常是利用波的传播关系来计算其动态弹性参数。

2）地应力的现场求取方法研究

计算模式即反映地应力物理本质和实际规律的计算式。国内外发展了很多应力计算模式，本书采用以下地应力计算模式：

$$\sigma_v = \int_0^H \rho(h)g\mathrm{d}h$$

$$\sigma_h = \frac{\nu}{1-\nu}(\sigma_v - \alpha p_p) + K_h \frac{EH}{1+\nu} + \frac{\alpha_T E \Delta T}{1-\nu} + \alpha p_p + \Delta \sigma_h$$

$$\sigma_H = \frac{\nu}{1-\nu}(\sigma_v - \alpha p_p) + K_H \frac{EH}{1+\nu} + \frac{\alpha_T E \Delta T}{1-\nu} + \alpha p_p + \Delta \sigma_H \tag{5-1-6}$$

式中 σ_v，σ_h，σ_H——分别为垂向应力、最小水平主应力和最大水平主应力，MPa；

K_h，K_H——最小、最大水平主应力方向构造应力系数，无量纲；

ν——地层岩石泊松比，无量纲；

E——弹性模量，MPa；

α_T——线膨胀系数，K⁻¹；

α——和 Biot 系数，无量纲；

g——重力系数，m/s²；

h——深度变量，m；

ρ——深度处的地层密度，kg/m³；

ΔT——地层温度改变，K。

另外，在没有密度测井资料的情况下，可以分段利用砂、泥岩比例及二者密度计算垂向地应力。

3）应用实例

在 R11 区块综合应用测井数据计算地应力剖面，编制地应力计算软件，结合小型压裂测试计算地应力，提高了两井地区裂缝扩展预测能力。

（1）两井地区横波经验公式拟合。首先通过 R46 井横纵波数据拟合了两井地区的横波计算公式，应用地应力剖面解释软件计算出最小主应力剖面，剖面图如图 5-1-3 和图 5-1-4 所示。

根据 R46-6-8 井长源距声波测井资料拟合的纵波数据计算横波经验公式：

$$v_s = 0.00006 v_p^2 + 0.2429 v_p + 414.73 \tag{5-1-7}$$

式中 v_s——横波速度，m/s；

v_p——纵波速度，m/s。

（2）最小主应力剖面标定方法。根据瞬时停泵压力曲线得到井底瞬时停泵压力、瞬时停泵压力梯度和地面瞬时停泵压力，利用平方根、G-函数、双对数等计算方法，可以进行井底闭合应力分析，估算净压力。如图 5-1-4 和表 5-1-1 所示。

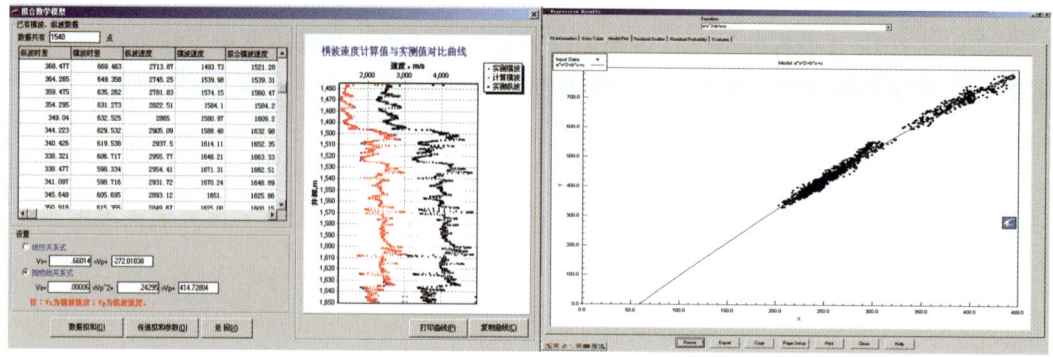

图 5-1-3　长源距声波测井拟合软件剖面图

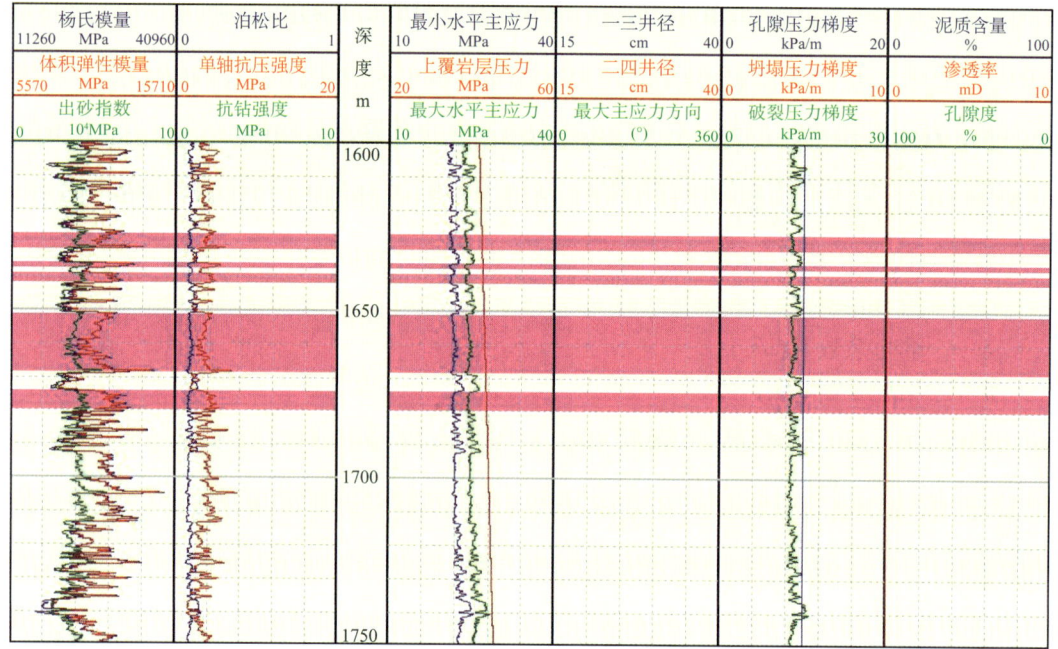

图 5-1-4　R46 井地应力剖面图

表 5-1-1　闭合应力分析结果表

曲线名称	井底 ISIP MPa	ISIP 梯度 MPa/m	地面 ISIP MPa	井底闭合应力 MPa	闭合应力梯度 MPa/m	闭合时间 min	净压力 MPa
瞬时停泵压力曲线	22.18	0.0134	5.77	—	—	—	—
平方根曲线	22.18	0.0134	5.77	20.48	0.0124	4.1	1.71
G-函数曲线	22.18	0.0134	5.77	20.71	0.0125	4.3	1.47
双对数曲线	22.18	0.0134	5.77	20.81	0.0125	4.4	1.38

通过现场小型压裂测试对构造应力系数进行了校正如图 5-1-5 所示。

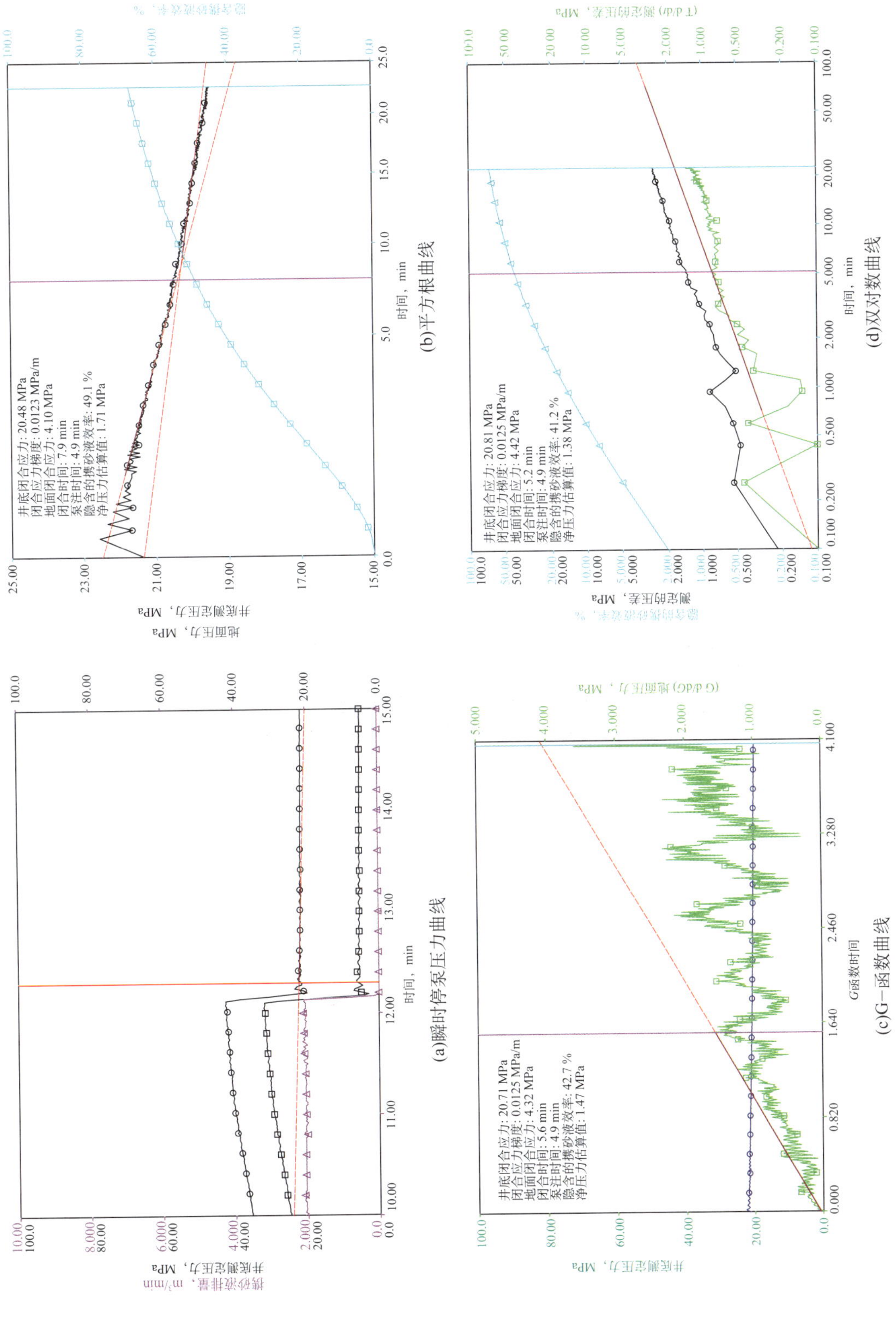

第五章 封隔器滑套分段压裂现场控制技术

图 5-1-5 闭合应力曲线分析图

根据小型压裂测试闭合压力为20.67MPa,对构造应力系数进行拟合,拟合结果如下:应力系数 $KL1$ 为0.2,应力系数 $KL2$ 为0.1。

地应力的准确求取是优化压裂设计的基础,通常在地应力求取过程中,综合利用多种计算方法,精心分析,保证地应力接近于真实值。

二、水平井分段压裂施工压力预测

水平井封隔器滑套分段压裂施工压力关系到地面管汇、压裂井口、井下施工管柱、分段工具的选型与配套。施工压力的准确预测对于保障安全、顺利、成功施工及降低施工成本起着重要的作用。水平井套管内封隔器滑套分段压裂工艺与水平井裸眼封隔器滑套分段压裂工艺的施工压力共同影响参数有:地层闭合压力($p_{闭合压力}$)、裂缝延伸压力(即净压力 $p_{净压力}$)、管柱摩阻($p_{管柱摩阻}$)、液柱压力($p_{液柱}$)等,其主要区别参数为近井裂缝弯曲摩阻($p_{近井摩阻}$)。水平井分段压裂施工压力预测影响因素如图5-1-6所示。

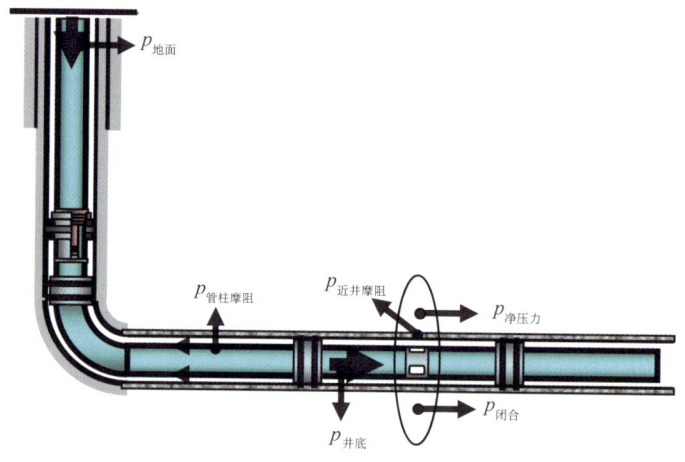

图5-1-6 水平井分段压裂施工压力预测示意图

水平井套管内封隔器滑套分段压裂工艺为套管固井—射孔—套内封隔压裂的完井工艺,射孔孔眼太小会产生孔眼摩阻,射孔方向与最大主应力方向有较大夹角(大于30°)会产生弯曲摩阻,孔眼摩阻和弯曲摩阻统称为近井筒摩阻。近井筒摩阻偏大会造成地面施工压力增大,增加施工难度,甚至造成因地面压力超限,施工提前结束。弯曲摩阻过大,同时地层的闭合压力大、杨氏模量高,会造成在高砂比阶段加砂困难,这是因为裂缝宽度受到施工参数(液体黏度,排量)及岩石力学参数偏大的影响而较小,再加上因射孔方向与主应力方向的夹角造成主裂缝的扭曲,使得有效缝宽更窄,造成高砂比加砂困难或失败。

水平井套管外封隔器滑套分段压裂工艺由于裸眼压裂,射孔孔眼大小不足及裂缝在近井筒的扭曲问题不明显,因此几乎不存在近井筒附近复杂裂缝的问题。

1. 水平井套管内封隔器滑套分段压裂工艺施工压力

地面施工压力:

$$p_{地面}=p_{闭合}+p_{净压力}+p_{近井摩阻}+p_{管柱摩阻}-p_{液柱} \tag{5-1-8}$$

井底施工压力：

$$p_{井底} = p_{闭合} + p_{净压力} + p_{近井摩阻}$$

$p_{近井摩阻}$ 通常取值 3 ~ 10MPa。

因水平井多段多簇，故需根据优选的分段压裂工艺、储层改造要求优选射孔方式：

（1）分段压裂射孔一般要求射孔段长度为 3 ~ 6m，孔密为 16 孔/m，孔径为 1cm，也可根据特殊情况优化射孔参数。

（2）分簇射孔要求根据注入排量、射孔孔径、液体密度等计算出孔眼节流压差，见经验公式（5—1—9），以保证每簇裂缝都能压开。不同地层条件下压开裂缝的节流压差不同，一般节流压差在 2 ~ 4MPa。分簇射孔技术每级多簇射孔，每簇长度为 0.5 ~ 1.0m，孔密为 10 ~ 16 孔/m，孔径为 10mm，相位角为 60°。通过分簇缝间应力干扰，使裂缝转向，形成网状裂缝。

节流压差计算公式：

$$p_m = \frac{10000 \times 22.45 Q^2 \rho_f}{N_p^2 C_d^2 d_F^4} \tag{5—1—9}$$

式中 p_m——节流压差，MPa；

Q——施工排量，m³/min；

ρ_f——压裂液流体密度，g/cm³；

N_p——孔眼数量，孔；

C_d——孔眼流量系数，一般取 0.8 ~ 1.0；

d_F——孔眼直径，mm。

对于分段分簇压裂水平井来说，段间距对产能的影响不大，其决定因素是簇间距。而段间距主要取决于目前的压裂设备的施工能力，根据一次可以压裂的簇数来优化压裂段间距，并且段间距的优化还需考虑压裂管柱在水平井中的通过性，此内容详见本书第四章。

对于分段不分簇压裂的段间距优化将在裸眼完井封隔器滑套分段压裂工艺设计单元中阐述。水平井分簇裂缝的开启条件主要受分簇射孔段间最小水平主应力差决定，应力差小的储层一般容易开启多簇裂缝，孔眼摩阻大于最小水平主应力差才能实现多簇裂缝的开启。孔眼节流压差与排量的关系见表 5—1—2。

表 5—1—2 孔眼节流压差与排量的关系

排量 m³/min	孔眼节流压差，MPa					
	5 孔	10 孔	15 孔	20 孔	25 孔	30 孔
4.0	10.86	2.72	1.21	0.68	0.43	0.30
4.2	11.98	2.99	1.33	0.75	0.48	0.33
4.4	13.15	3.29	1.46	0.82	0.53	0.37
4.6	14.37	3.59	1.60	0.90	0.57	0.40
4.8	15.64	3.91	1.74	0.98	0.63	0.43
5.0	16.98	4.24	1.89	1.06	0.68	0.47

续表

排量 m³/min	孔眼节流压差，MPa					
	5孔	10孔	15孔	20孔	25孔	30孔
5.2	18.36	4.59	2.04	1.15	0.73	0.51
5.4	19.80	4.95	2.20	1.24	0.79	0.55
5.6	21.29	5.32	2.37	1.33	0.85	0.59
5.8	22.84	5.71	2.54	1.43	0.91	0.63
6.0	24.44	6.11	2.72	1.53	0.98	0.68
6.2	26.10	6.53	2.90	1.63	1.04	0.73
6.4	27.81	6.95	3.09	1.74	1.11	0.77
6.6	29.58	7.39	3.29	1.85	1.18	0.82
6.8	31.40	7.85	3.49	1.96	1.26	0.87
7.0	33.27	8.32	3.70	2.08	1.33	0.92

根据以上结论认为，在压裂设备条件下，排量控制着射孔工艺。通常在H168区块，压裂设备为4台2000型压裂车组。以目前的施工能力，排量为5m³/min的条件下，一般能压裂15孔，3簇裂缝。根据这个结果优化水平井段间距以及簇间距和每段内的裂缝簇数，通常一段内设计裂缝为3簇，结合簇间距可优化段间距。

2. 水平井套管外封隔器滑套分段压裂工艺施工压力

地面施工压力：

$$p_{地面} = p_{闭合} + p_{净压力} + p_{近井摩阻} + p_{管柱摩阻} - p_{液柱} \quad (5-1-10)$$

井底施工压力：

$$p_{井底} = p_{闭合} + p_{净压力} + p_{近井摩阻}$$

$p_{近井摩阻}$通常取值 1～3MPa。

一般情况下，裸眼封隔器滑套分段压裂工艺施工压力影响因素较为简单。储层裂缝闭合压力和裂缝扩展延伸净压力与储层岩石力学特征紧密相关。由于压裂滑套开启后直接面对一定长度的裸眼水平段，裂缝近井扭曲摩阻很小，通常取1～3MPa。地面施工压力加上管柱摩阻，减去静液柱压力，管柱摩阻要考虑管柱内通径大小、施工排量、注入流体特性，静液柱仅仅考虑井筒内流体密度即可。

三、主要施工参数

水平井压裂施工参数是在储层地应力场认识和不同压裂工艺施工压力预测的基础上，结合最优压裂设计、封隔器滑套工艺特征，综合考虑裸眼封隔器和套内封隔器耐压差，压裂滑套开启压力等因素，通过小型压裂测试分析手段，明确地层特征，合理控制施工排量、平均砂比、液量等参数，最大程度实现优化压裂设计目标，即改造体积最大化，获得最优的裂缝支撑长度和导流能力，实现水平井最大累计产量和区块最大采收率。

1. 小型压裂测试储层参数，明确处理措施

注入一定体积的流体，根据测试目的，注入流体通常为防膨液和压裂液冻胶，主要根据 G- 函数特征、阶梯降排量测试确定主施工阶段裂缝处理。G- 函数特征如图 5-1-7 至图 5-1-10 所示。

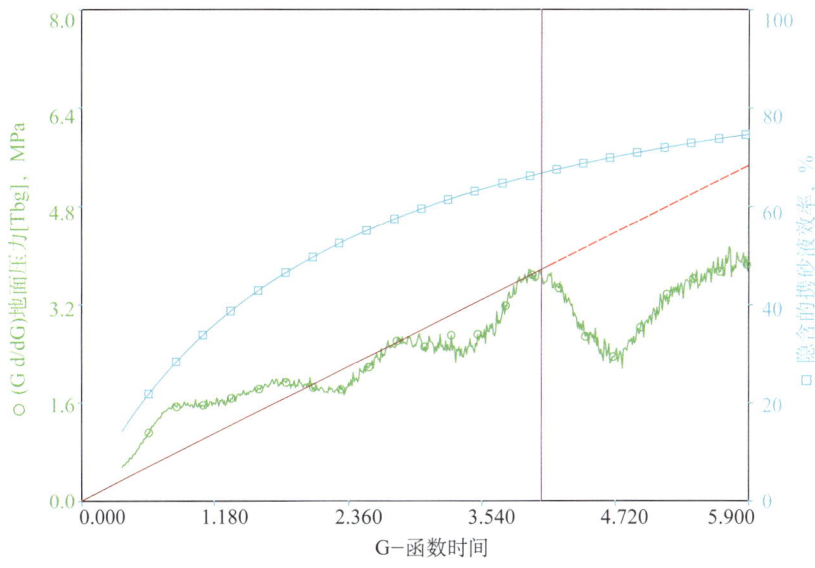

图 5-1-7　常规储层 G- 函数示意图

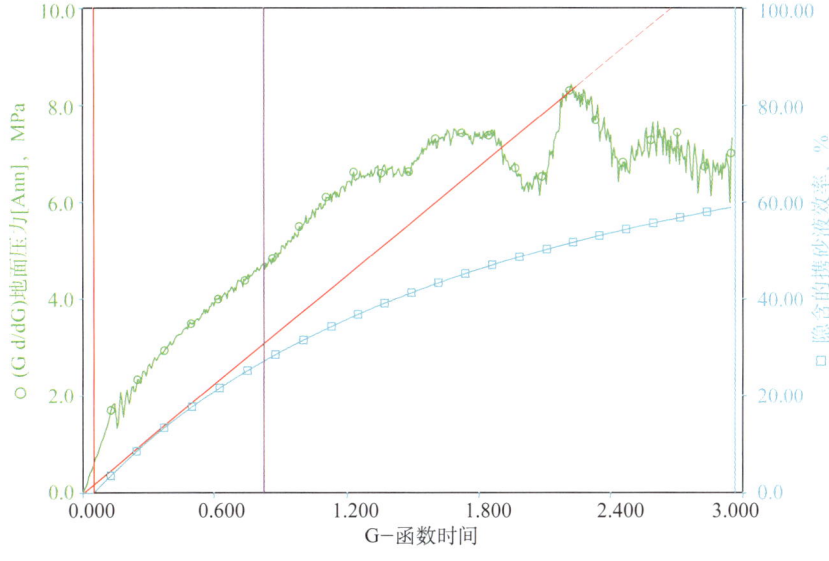

图 5-1-8　天然裂缝开启 G- 函数示意图

利用近井带摩阻来判断孔眼完善程度和近井多裂缝特征；求取闭合压力梯度，确定储层闭合应力大小以及裂缝延伸所需净压力；根据滤失系数判断储层滤失程度；根据当量微裂缝判断天然裂缝发育程度，具体处理措施见表 5-1-3，多种处理方式可组合使用。

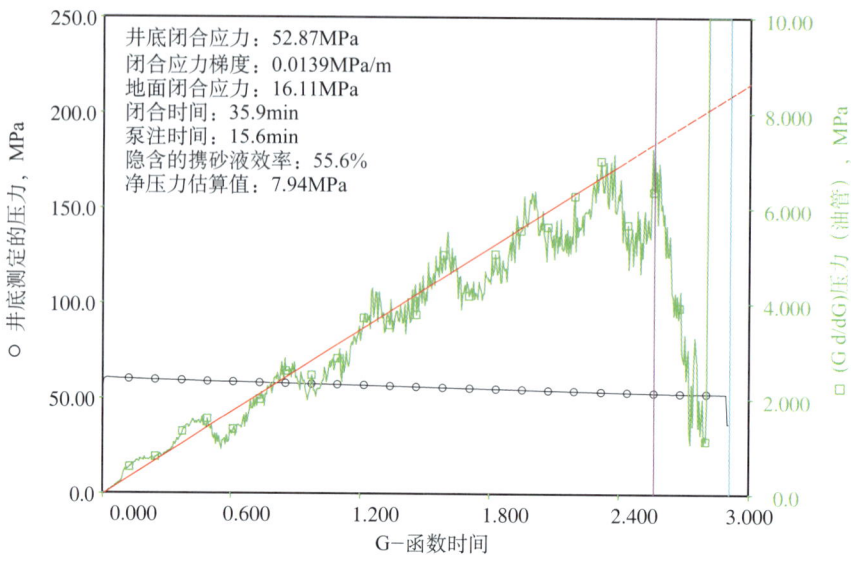

图 5-1-9 多裂缝开启 G- 函数示意图

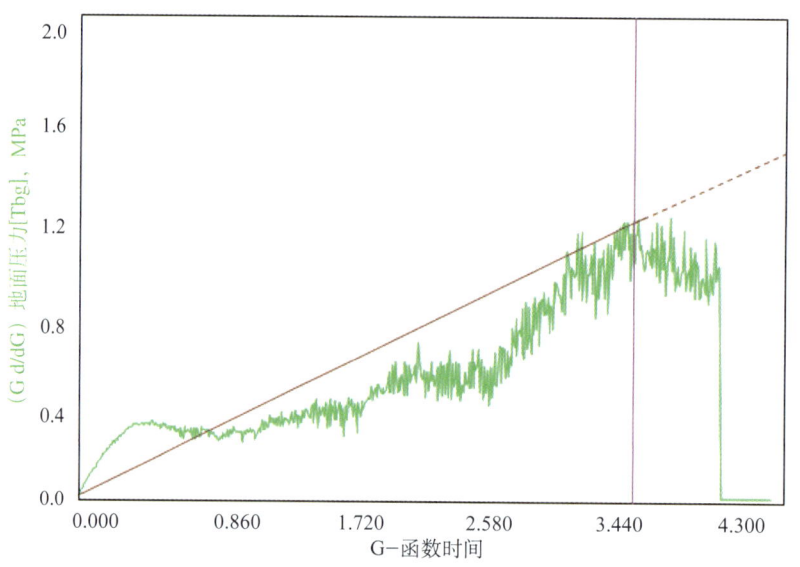

图 5-1-10 裂缝扩展异常 G- 函数示意图

表 5-1-3 压裂测试诊断方法及处理措施

特征参数类型	诊断指标	诊断结论	措施方法
近井摩阻，MPa	< 8	裂缝正常延伸	正常
	8 ~ 12	裂缝多而窄或形态复杂	胶塞、小粒径支撑剂
	> 12	裂缝异常延伸	胶塞、小粒径支撑剂量增大
闭合压力梯度 MPa/m	< 0.018	正常	正常
	0.018 ~ 0.022	中等偏高	控制砂比和步长
	> 0.022	高停泵	控制砂比延长低砂比时间

续表

特征参数类型	诊断指标	诊断结论	措施方法
滤失系数 $10^{-4}\text{m/min}^{0.5}$	< 4	储层基质低滤失	正常
	4~8	滤失正常	前置液柴油降滤
	8~12	滤失偏大	增加前置液柴油比例、粉砂
	> 12	熔孔与裂缝非常发育	柴油、多段砂塞
微裂缝，条	1~2	裂缝不发育	正常
	2~3	裂缝较发育	胶塞、砂塞
	> 3	裂缝发育	胶塞、多段砂塞

2. 施工排量控制

压裂泵注排量是影响裂缝几何形态的关键参数，施工最小排量的确定一般需要通过压前现场小型压裂测试方法获得。在小型压裂测试中，开展升排量测试，通过曲线的拐点确定施工所需最小排量。最优施工排量一般根据需要开展理论计算。根据流体力学理论，要综合考虑裂缝延伸所需净压力、压裂液黏度、裂缝几何形态（缝长、缝高、缝宽）、平面应变模量等参数，具体计算见本书第四章第一节。

压裂施工排量控制主要考虑压裂注入方式、压裂及完井管柱、井口压力及设备功率、压裂层段有效厚度及跨度、微裂缝发育情况、支撑剂输送、压裂液性能等因素。压裂施工排量优化取决于多种因素。通常，增加裂缝宽度、降低滤失、提高压裂液效率等需用大排量，且由于相应于支撑剂沉降的携砂液注入速度的提高和泵注时间的减少使得支撑剂沉降时间和黏度降解减少，大排量也直接用来改善携砂能力。对于水平井封隔器滑套多段压裂工艺，根据完井压裂管柱不同在施工排量控制方面有其特殊性。

1）裸眼封隔器滑套多段压裂工艺施工排量控制

对于裸眼封隔器滑套多段压裂工艺，施工排量与裂缝延伸所需净压力密切相关。裂缝所需净压力主要考虑裸眼段储层滤失系数、裂缝几何形态（长、宽、高）。针对 D 组致密砂岩气藏，建立了裸眼封隔器滑套多段压裂排量控制经验公式：

$$Q = \frac{2.36 w^4 h_f C_v'}{\mu x_f p_{net}} \tag{5-1-11}$$

式中 p_{net}——裂缝内净压力，与储层力学参数相关，具体见油藏增产措施，MPa；

C_v'——储层综合滤失系数，与储层渗透率、压裂液造壁性能有关，$\text{m}/\sqrt{\text{min}}$；

x_f——裂缝半长，m；

h_f——裂缝高度，m；

w——裂缝宽度，m；

μ——压裂液黏度，mPa·s。

2）套管内封隔器滑套多段多簇压裂工艺排量控制

对于套管内封隔器滑套多段多簇压裂工艺，施工排量主要控制因素为射孔工艺和裂缝开启所需的最小主应力差值。为了保证多簇裂缝都能开启并有效延伸，需要根据储层特征计算出裂缝最小主应力差值。分簇裂缝的开启条件主要受分簇射孔段间最小水平主应力差决定，应力差小的储层一般容易开启多簇裂缝，孔眼节流压差大于最小水平主应力差才能实现多簇裂缝的开启。

施工排量计算公式：

$$Q = \frac{N_p C_d d_F^2 p_m^{1/2}}{474 \rho_f^{1/2}} \quad (5-1-12)$$

式中　Q——施工排量，m^3/min；

　　　p_m——裂缝最小主应力压差，MPa；；

　　　ρ_m——压裂液流体密度，g/cm^3；

　　　N_p——孔眼数量，孔；

　　　d_F——孔眼直径，mm；

　　　C_d——孔眼流量系数，一般取 0.8～1.0。

3. 平均砂比控制

平均砂液比的选择不仅要考虑储层对裂缝导流能力的要求，亦要考虑压裂设备能力和施工工艺水平。水力裂缝优化结果表明，平均砂比控制与匹配油藏的无量纲裂缝导流能力是关键因素，而裂缝无量纲导流能力是油井增产作业中一个主要的设计参数，它是裂缝传输流体至井眼的裂缝传导能力与地层输送流体至裂缝的传导能力的比较。

无量纲裂缝导流能力 C_{fD}^{opt} 可以定义为：

$$C_{fD}^{opt} = \frac{K_f b}{K L_f} \quad (5-1-13)$$

式中　K_f——裂缝渗透率，mD；

　　　b——裂缝宽度，m；

　　　K——地层渗透率，mD；

　　　L_f——裂缝半长，m。

进行裂缝无量纲导流能力优化，绘制无量纲导流能力与单井累计产量关系曲线，以长岭气田 D 组致密砂岩储层为例。随着无量纲导流能力的增加开始有明显趋缓或者下降时的无量纲导流能力即为经济优化的无量纲导流能力，无量纲导流能力为 1～4 可以满足要求，最佳值为 2.75。通过公式计算，储层渗透率在 0.2mD，支撑裂缝半长 190m，无量纲导流能力为 2.75，裂缝导流能力 $K_f b$ 为 104.5D·cm，利用压裂设计软件模拟见表 5-1-4。要达到裂缝导流能力的要求，水力压裂平均铺砂浓度 4.6kg/m² 以上。

表 5-1-4　裂缝导流能力为 104.5D·cm 与裂缝铺砂浓度的关系

距井筒距离，m	裂缝宽度，cm	裂缝导流能力，D·cm	铺砂浓度，kg/m²
12.5	1.52	735.44	7.56
28.0	1.46	655.95	7.02
43.5	1.39	586.25	6.59
59.0	1.33	518.10	6.09
74.5	1.28	458.89	5.60

续表

距井筒距离，m	裂缝宽度，cm	裂缝导流能力，D·cm	铺砂浓度，kg/m²
90.0	1.23	402.78	5.12
105.5	1.17	346.82	4.63
121.0	1.11	294.58	4.15
136.5	1.04	243.72	3.66
152.0	0.96	195.17	3.18
167.5	0.81	139.54	2.69
183.0	0.72	101.68	2.21
198.5	0.59	65.01	1.72
214.0	0.34	26.91	1.24
229.5	0.20	9.62	0.75
245.0	0.09	2.02	0.35

由表5-1-4可以看出，要达到上述铺砂浓度，平均砂比要达到24.6%以上。因此在现场加砂方式中要求砂比主要由7%～14%～21%～28%～35%～42%几个阶段组成，7%、14%和21%砂比阶段加砂量占总加砂量的15%左右，即阶段砂比进入地层无砂敏感现象即可提高砂比；28%和35%砂比阶段加砂量占总加砂量的70%左右，为主加砂砂比阶段；42%砂比阶段加砂量占总加砂量的15%左右，保障裂缝口即近井地带裂缝保持高导流能力。因此，长岭登娄库组气藏需要的平均裂缝导流能力为298D·cm，对应的最佳平均砂比为24.6%。

第二节 质量保障和控制

水平井多段压裂不仅仅涉及工具，而且涉及油藏工程、钻完井工程、压裂改造工程的一项系统工程，需要各个环节的密切配合。现场质量控制是保障封隔器滑套多段压裂施工成功的关键，结合两种工艺特点，本节对裸眼可开关多段压裂工艺系统和套管内可回收多段多簇压裂工艺系统进行了详细要求，严把质量关。

一、裸眼封隔器滑套分段压裂工艺要求

1．基础资料

应包括（但不限于）以下内容：

（1）井身结构资料：钻头类型及尺寸；套管的钢级、外径、壁厚、下深、抗内压强度、抗外挤强度、套管接箍位置、套管变形及管外窜槽情况；水泥返高、固井质量、目前人工井底。实钻井眼轨迹及井斜方位，造斜点位置、井深、垂深、水平段长度、裸眼段井径大小。油管的钢级、外径、壁厚、下深、抗内压强度、抗外挤强度。

（2）测录井资料：井内压井液类型、密度、黏度，钻录井显示、取心情况、本井及邻井试油气情况；水平段测井解释成果图，包括自然伽马、自然电位、密度、声波时差、井径等。

（3）储层资料：构造沉积特征、储层岩性、储层物性、储渗模式、地层压力、地层温度；岩石力学参数、区块地应力方向、裂缝走向；储层敏感性实验数据及分析结果。

2. 工具设计要求

（1）根据井身结构选择工具类型、尺寸。

（2）根据地应力大小、地层温度确定封隔器压力和温度级别。

（3）以实际分段数及段间距确定裸眼封隔器和滑套的数量、位置和裸眼封隔器管柱结构。裸眼封隔器坐封位置的井径扩大率应不超过8%，全角变化率应不大于10°/30m。滑套位置宜选择该段储层物性最好的位置。

3. 悬挂封隔器位置要求

尾管悬挂封隔器位置由最大井斜、固井质量、套管接箍等几个因素决定。因此，尾管悬挂封隔器及回接密封总成部分的下入要求：

（1）坐封位置井斜应不大于70°；

（2）坐封位置的狗腿度应不大于10°/30m；

（3）悬挂封隔器距离技术套管鞋应不小于150m；

（4）坐封位置应避开套管接箍，选择固井质量好的井段；

（5）尾管悬挂封隔器回接密封总成承压要求满足压裂砂堵时达到的最高施工压力。

4. 裸眼段要求

为保证工具顺利下入到设计位置，对井眼轨迹提出以下要求：狗腿度不超过10°/30m，要求控制在（4°～8°）/30m；井斜原则上不大于100°；整体要求井眼规整，井径规则。

5. 裸眼封隔器入井施工准备及要求

1）设备及材料准备

（1）准备完井压裂工具、模拟通井工具；

（2）准备顶替钻井液和封隔器坐封的2%的KCl溶液，短套管，水泥头一个；

（3）准备封隔器坐封的泵车，要求排量达到1～2m³/min；

（4）准备KCl溶液贮备罐。

2）完井工具及配件准备入井前要求

（1）认真核实悬挂封隔器，趾端及投球压裂滑套和裸眼封隔器是否有破损。如发现有任何破损，联系作业经理并停止下入程序；

（2）核实裸眼封隔器、投球压裂滑套都是打入正确的剪切压力的销钉，同时对照剪切压力表进行核对，确保现场泵压设备满足和达到所需的剪切压力；

（3）检查套管尺寸、重量、通径和钢级，确保完井管柱顺利通过到指定位置；

（4）套管通径和确保清理掉套管内碎片、毛刺等，防止小件落物；

（5）最后一趟通径管柱起出后，钻具必须通径；

（6）在压裂滑套到达现场和安装时都需要根据所提供的测量表对其进行测量通径；

（7）检验所有压裂完井工具，包括在现场完井安装作业中，熟悉整个作业过程的安全注意事项，所有相关的操作作业安全文件都需要列出以便参考。

3) 工具入井要求

与相关人员技术交底，明确责任和施工细节。工具运移过程要求注意保护胶筒及卡瓦等部件，防止磕伤；套管检查要求严格用标准内径规进行通径；套管入井操作要求，套管入井过程中，禁止旋转管柱、猛提猛放，裸眼段内不得快于 30s/根；下管过程中如遇阻，技术套管内遇阻负荷不得超过 100kN，裸眼段遇阻负荷不得超过 120kN，遇阻负荷超过设定负荷采取上提、下放、循环钻井液的方法通过遇阻点；接套管时，静止时间小于 5min；按标准扭矩上螺纹；钻井液循环要求平稳开泵，循环压力不准超过 8MPa。

4) 井筒准备要求

（1）刮削要求：套管刮削应在悬挂封隔器设计坐封位置上下各 30m 范围内反复刮削 3 次，有变径的井段要特别注意，控制下放速度；在套管段有连接工具部位（如有分级箍、回接筒等）要缓慢通过，严禁旋转。如果遇阻吨位达到 3t 不能通过，则不能强行下放，需要在阻力大的井段反复活动，直到刮管顺畅为止。刮管过程中分段进行钻井液循环，循环钻井液是启动固控设备，达到出口钻井液与钻井设计的钻井液性能基本一致，起出刮管管柱。

（2）通井要求。

①钻头通井：钻头一直通到井底，在下钻到裸眼段后如遇阻，遇阻负荷严禁超过 5t，遇阻时原则上不建议划眼，可在 5t 范围内上下提放管柱，并循环钻井液，直到可以顺利下钻；上下提放管柱不能通过时，可适当采取旋转、上下划眼的方法，划眼通过后必须对划眼井段上下提拉 3 ~ 5 次，保证井眼光滑；下钻到拐点时钻杆称重，并记录称重重量；通井到人工井底后，用原钻井液循环，直到进出口钻井液性能一致，起出钻杆。

②通井规通井：通井规通到套管鞋以上 10 ~ 15m，在悬挂器坐挂井段上下各 30m 范围反复刮 3 次。如有变径，在变径井段要缓慢通过，严禁旋转；如果遇阻吨位达到 3t 不能通过，则不能强行下放，起出通井管柱，需要在阻力大的井段反复活动，直到刮管顺畅为止，通井过程中如遇阻，不得强行下放；循环钻井液时，启用固控设备除去钻井液中可能存在固相颗粒；起出通井管柱。

③模拟管串通井：要求两次模拟通井，第一次模拟通井，单西瓜皮磨鞋通井；第二次模拟通井，双西瓜皮磨鞋通井。在下钻到裸眼段后如遇阻，遇阻负荷严禁超过 5t，遇阻时原则上不建议划眼，可在 5t 范围内上下提放管柱，并循环钻井液，直到可以顺利下钻；上下提放管柱不能通过时，可适当采取旋转、上下划眼的方法，划眼通过后必须对划眼井段上下提拉 3 ~ 5 次，保证井眼光滑。通井到井底后，上提 2m，用原钻井液循环，直到进出口钻井液性能一致；短起 1 次（第一次下模拟通井管柱时，如果通井不顺利，则追加短起1 次）；循环洗井，直到进出口钻井液一致，起出模拟通井管柱。

6. 多级压裂工具下入以及坐封要求

1) 工具连接要求

把每个裸眼封隔器的位置和实际井斜数据进行对比，确保整个下入过程中不会出现两个或更多的封隔器同时进入或通过大狗腿度井段；检查裸眼段井径测井数据，保证封隔器坐封位置处井径不大于 230mm；所有压裂喷砂口的球座应该在现场用标准尺寸堵球进行通过性测试，包括需要通过该球座的堵球和需要坐封该球座的堵球；水力坐封工具需要在现场进行通过性测试；入井前，所有套管尾管必须使用其可以通过的最大直径的通井规进行通过测试；在提起、放下和操作所有设备过程中，必须足够的小心，尤其是在通过井口部分时，一定保证工具的居中。

2）管柱下入要求

管柱下到预定位置后，复核管柱数据，调整封隔器位置。

下管过程中每下 30 根向管内灌浆，工具进入水平段后不再静止灌液；下管速度要求匀速下入，不得墩钻，裸眼段内不得快于 30s/根；下管过程中如遇阻，遇阻负荷不得超过 5t，如果超过 5t，严禁强行下放，必须在现场技术负责人指导下采取应急措施；封隔器进入水平段后，控制下管速度不大于 30s/根；封隔器进入水平段后，必须连续下钻，不得间断；封隔器进入水平段后，静止时间不能超过 3min；封隔器进入水平段后，如果遇阻，遇阻负荷不得超过 8t；下钻过程中严禁造成井下落物；钻杆扣必须抹密封脂，必须按标准扭矩上扣，下井管柱必须对每个扣进行检查，有损伤或不合格的扣严禁下井，下井管柱不能有损伤或弯曲变形。

3）顶替井筒内钻井液要求

顶替地面管线连接要求：水泥头—立管—立管三通—注液管线—泵车—KCl 液罐。

顶替要求：顶通→逐步加大排量顶替→投球→等待→送球→起压后马上停泵。坐封封隔器，并丢手、验封坐封封隔器；坐封封隔器注意在泵注过程中，为确保安全，高压区严禁站人，待完全卸压后方可拆井口管汇；施工作业过程中，严防任何井下落物落入井内；所有操作必须在现场工程师指导和监督下进行，现场工程师不在钻台，严禁进行作业。

4）下回接压裂管柱

将工具吊上钻台，注意保护密封件及卡瓦等部件，防止磕伤；在工具入井前，在钻台上仔细检查工具外观，如有磕伤、裂缝、变形等则不能入井；严格按照设计的管柱连接图，依照工具顺序下压裂管柱，一旦发现顺序有误则立即报告，起钻重新调节工具顺序再进行下钻；所有入井的工具及管柱要求通径；下钻速度：套管内不得快于 30s/根；在下压裂管柱进行连接上扣时，在外螺纹端涂抹螺纹润滑油，严禁在内螺纹端涂抹螺纹润滑油，防止涂抹工具落井；工具与套管连接时，先用管钳进行人工引扣，在确保不会错扣的情况下，再用液压钳上扣，以防止错扣；所有管螺纹按规定扭矩进行上扣，螺纹按照要求上满；如果发生错扣，应起出错扣管柱，严禁在井口修复套管螺纹；下钻过程中，严禁井下落物；下管过程中如遇阻，遇阻负荷不得超过 2t，如超过规定负荷，严禁强行下放，请示后在现场负责人指挥下进行操作，上下活动管柱，并循环作业。

5）打开压差滑套

上泵车从油管打压到 35MPa，稳压 3min，打开压差滑套。如果滑套尚未打开，逐步提高压力，每次提高 3MPa，稳压 3min，直至滑套打开。拆掉试压管线，关闭阀门，等待压裂。

二、套管内封隔器滑套分段压裂工艺要求

1. 基础资料

应包括（但不限于）以下内容：

(1) 井身结构资料：钻头类型及尺寸；套管的钢级、外径、壁厚、下深、抗内压强度、抗外挤强度、套管接箍位置、套管变形及管外窜槽情况；水泥返高、固井质量、目前人工井底。实钻井眼轨迹及井斜方位、造斜点位置、井深、垂深、水平段长度、固井质量。油管的钢级、外径、壁厚、下深、抗内压强度、抗外挤强度。

(2) 测录井资料：井内压井液类型、密度、黏度，钻录井显示、取心情况、本井及邻井试油气情况；水平段测井解释成果图，包括自然伽马、自然电位、密度、声波时差、井径等。

(3) 储层资料：构造沉积特征、储层岩性、储层物性、储渗模式、地层压力、地层温度；岩石力学参数、区块地应力方向、裂缝走向；储层敏感性实验数据及分析结果。

2. 工具设计要求

(1) 根据井身结构选择工具类型、尺寸。

(2) 根据地应力大小、地层温度确定封隔器压力和温度级别。

3. 现场操作要求

(1) 工具下井前通井、洗井、刮削。

(2) 工具地面识别方法：93单孔压裂滑套外表面加工有标志槽，第1级为1道环槽、第2级为2道环槽、第3级为3道环槽、第4级为4道环槽、第5级为5道环槽、第6级为6道环槽、第7级为7道环槽、第8级为8道环槽、第9级为9道环槽；103三孔压裂滑套外表面加工有标志槽，第1级为1道环槽、第2级为2道环槽、第3级为3道环槽、第4级为4道环槽、第5级为5道环槽。

(3) 当管柱多级封隔器配套使用时，一定要确定压裂滑套外表面环槽数从上至下依次下级大于上级环槽数。

(4) 工具下井前一定要检验并记录要求工具内通径、与工具所对应轻质球尺寸、压裂滑套外表面环槽数与所在工具是否对应、工具在管柱配接时顺序及位置。

(5) 工具入井要求：根据施工设计按管柱下井示意图所标明的顺序连接工艺管柱。连接好后下井到设计位置。管柱下放过程中，应平稳操作，直井段速度不大于10m/min，水平段速度不大于5m/min，以避免井下工具受到损害。

(6) 封隔器坐封要求：用泵车采用一档位小油门小排量缓慢向油管内注水打压，当压力达到10MPa时稳压2min，当压力达到20MPa时稳压3min，当压力达到25MPa时稳压3min，当压力达到30MPa时稳压3min，封隔器坐封完成。继续加压，地面观察压力迅速下降，表明定压滑套打开，下层压裂通道打开。

(7) 顶封隔器丢手脱开要求：向油管内投 ϕ35mm 轻质球，用泵车向油管内注水打压，当压力达到 10~15MPa 时，地面压力迅速下降，上提管柱悬重不增加，表明工具已经丢手，提出顶封隔器上部管柱，坐好压裂井口，压裂第一层段。

(8) 压裂其他层要求：1号层压裂完成后，向井内投入与工具对应的轻质球，送球排量 0.5~1.0m³/min，将轻质球送到与工具对应的压裂滑套处，继续加压到 10~15MPa，将压裂通道打开，进行压裂。

(9) 后期起压裂管柱要求：用 2$\frac{7}{8}$UPTBG 油管下井到水平段，排量0.5m³/min 反洗至鱼顶，起出光油管。用 2$\frac{7}{8}$UPTBG 油管连接 Y445-114 丢手封隔器专用可退打捞工具下井到鱼顶以上1m，正洗冲鱼顶，下放管柱与鱼顶对接再上提悬重上升，继续上提悬重突然下降，表明Y445-114丢手封隔器解封，解封后排量0.5m³/min反洗到出液口无压裂砂为止，提出管柱。如果与Y441-114封隔器脱开，用 $2^7/_8$ UPTBG 油管连接Y441-114封隔器专用可退打捞工具下井，重复以上步骤。

4. 现场施工要求

（1）保证井口投球器以下管柱内通径均大于60mm。

（2）管柱下放过程中，操作平稳，直井段下放速度不大于10m/min、水平段下放速度不大于5m/min，避免井下工具受到损害。

（3）压裂前需要用泵车向油管内逐级打压完成封隔器坐封。

（4）每段压裂施工完毕后，井筒内不得有沉砂，保证球棒投送到位。

（5）应该使用压裂液基液泵送球棒，施工排量0.5～1.0m³/min。

5. 压裂井场准备

井场场面平整、坚实，入口处宽敞，抗压强度不小于1.5MPa，压实厚度不低于260 mm；井场有效面积应满足施工车辆、液罐、废液罐（池）的摆放要求。道路、电源良好，井场能摆放各种必需的压裂及消防设备，且施工方便。

6. 压裂设备准备

（1）按照压裂设计中施工的水马力要求配置施工泵车。

（2）压裂配套设备准备：应在压裂高压管汇上安装与施工相匹配的投球装置，投球装置的通径应保证最大球顺利通过。井口装置的主通径应大于最大球直径3mm。应在排液管线上安装捕球器，井口至捕球器的管线应保证最大球顺利通过。

7. 压裂施工

（1）按设计要求进行试压，试压值应大于预计的最高施工压力。

（2）按设计的泵注程序施工。

（3）上一段加砂结束时，宜在砂浓度降为0kg/m³时投球，当送球液量剩余2～3m³时，降低排量为1.2～1.5m³/min，打开滑套，进行下一段储层的加砂作业。重复以上动作完成水平井分段压裂施工。

8. 压后管理

压裂施工结束后，根据压裂液破胶时间、裂缝闭合时间来确定返排时间；根据井口压力优选油嘴尺寸，控制放喷，避免出砂。若井不能自喷或喷势明显减弱，应及时采用人工助排措施，尽快排出地层内残液；排液期间应监测油管、套管压力的变化，确认管柱的密封性；排液期间，分段做好残液取样、化验、分析等各项工作。

第三节 预防及应急措施

对于水平井封隔器滑套压裂工艺，在现场实施过程中存在很多风险点，本章第二节中对关键工序及现场操作进行了详细要求，同时，认真分析封隔器压裂工艺实施过程风险，特别裸眼完井管柱和工具入井、套内压裂管柱和工具起出过程中存在的风险，以及水平井多段压裂过程中其他风险点，制定风险应急预案，做到风险分析缜密，应急预案完备。

一、压裂施工风险性分析

1. 裸眼完井管柱入井风险分析

（1）完井管柱遇阻风险分析。在下入裸眼封隔器完井管柱过程中，一旦遇阻，视遇阻位置、遇阻吨位以及管柱遇卡，若能通过多次上提、下放可尝试让工具顺利入井，如果仍然不能通过遇阻位置可提出完井管柱重新设计工具组合，再次通井，重新下入管柱；完井管柱如果遇卡，不能上提也不能下放，将导致井报废或者中途完井丢失水平段。

（2）裸眼封隔器不坐封风险分析。若裸眼封隔器不坐封或者坐封球不能入座，导致水平裸眼段无法有效封隔，压裂针对性差，无法对储层充分改造。

2. 套管内压裂管柱起出风险分析

（1）压后地层出砂压裂管柱遇卡。由于压后压裂液返排放喷过快，裂缝尚未闭合，加入地层支撑剂回流进入井筒，在起管过程中，支撑剂随着管柱上提堆积越来越多，最终形成砂桥，卡住压裂管柱。

（2）封隔器以及丢手丢开吨位设置不合理。由于套内封隔器滑套多段压裂井下工具多（最多达到 15 个封隔器以及滑套等），一次完全起出工具几率很低，需要在工具组合中间设置丢开装置，满足丢开的同时，为下次打捞提供最佳的打捞接头，设计丢开吨位过大，上提无法丢开，导致需要大修或者井报废；设计丢开吨位太小，需要逐级打捞，多趟打捞程序，作业效率及劳动强度增大。

（3）封隔器胶筒不回收。

3. 其他风险分析

1）大规模加砂压裂井口受力分析及设计

（1）压裂井口受力分析。以长岭气田登娄库组气藏裸眼封隔器滑套压裂工艺为例，根据封隔器滑套多段压裂井口，施工时压裂管柱由于受到冷却和膨胀等因素，管柱长度会发生收缩。但是管柱所用回插管是自由移动式密封件，因此井口不会受此因素所产生上顶力或拉力。但由于套管头到回插管的变径，油管和环空内的压力在不同变径处都会分别产生上顶力或拉力，其作用力的总和与管柱自身所受重力抵消后作用上顶力。

（2）压裂井口设计。

①压裂井口技术参数：

设计制造标准：API 6A-19 版和 SY/T 5127—2002《井口装置和采油树规范》。

规范级别：PSL-3G。

性能级别：PR1。

材料级别：DD 锻件，符合 NACE MR-0175 标准。

温度级别：L～U（-46～+121℃）

额定工作压力：15000psi。

②压裂井口结构：采气树采用双翼双阀结构，全部是闸阀；采气树主通径为 $4^1/_{16}$in（103.5mm）；采气树主通径包含 2 个主阀（平板闸阀 $4^1/_{16}$in-15000psi），上接一个 $4^1/_{16}$in-15000psi-4in-1502 转换接头；配备 1 个 $4^1/_{16}$in-15000psi-$3^1/_2$inEUE（内螺纹）螺纹法

兰，带齐堵头；采气树下法兰 7$\frac{1}{16}$in–15000psi；备有 BX1 56 垫环 2 个，BX155 垫环 4 个；油管四通（额定工作压力 15000psi）；上法兰 7$\frac{1}{16}$in–15000psi，下法兰 13$\frac{5}{8}$in–10000psi（依据甲方提供的套管头上法兰图纸连接），最小内径套管内径（5$\frac{1}{2}$in–P110–139.7mm×9.17mm 套管）匹配，注脂密封；油管四通侧出口为 3$\frac{1}{16}$in×15000psi 法兰连接，两侧对称两 3$\frac{1}{16}$in×15000psi 平板闸阀；油管四通两侧各接一个 3$\frac{1}{16}$in–15000psi–3in–1502 转换接头。

（3）井口锚定。根据以上井口受力分析的结果，确保井口在施工过程中的稳定，要求对井口进行锚定。在井口 4 个角打 1m 深水泥混凝土地桩，并用 6～7 分（19.05～21.5mm）钢丝绳绕井口后在地桩上固定。

2）球座尺寸对施工排量的影响分析

由于球座尺寸由上到下逐级减小，最小球座为 2$\frac{3}{8}$in，通过计算不同尺寸球座在不同排量下的剪切情况，结果表明：低于 16m³/min 排量情况下不会出现速度剪切球座的情况（表 5–3–1）。

表 5–3–1　球座尺寸对施工排量的影响分析数据表

球座尺寸		面积 m²	流动率 m³/s	流动率 m³/min	流动率 bbl/min
in	m				
3.500	0.0889	0.0062	0.583	35.00	220.15
3.375	0.0857	0.0058	0.542	32.55	204.70
3.250	0.0826	0.0054	0.503	30.48	189.82
3.125	0.0794	0.0049	0.465	27.90	175.50
3.000	0.0762	0.0046	0.429	25.71	161.74
2.875	0.0730	0.0042	0.394	23.62	148.54
2.750	0.0699	0.0038	0.360	21.61	135.91
2.625	0.0667	0.0035	0.328	19.69	123.83
2.500	0.0635	0.0032	0.298	17.86	112.32
2.375	0.0603	0.0029	0.269	16.12	101.37
2.250	0.0572	0.0026	0.241	14.46	90.98

3）大规模施工携砂液对球座磨蚀分析

以 10 段压裂施工为例，有 10 个压裂端口，都带有球座，通过计算表明 9 级加砂量为 1361t 时球座磨蚀度很小，只有 0.147mm，满足施工需求（表 5–3–2）。

二、应急预案

1. 裸眼封隔器滑套多段压裂工艺完井管柱遇阻应急预案

（1）在裸眼完井工具下入前，利用特殊设计的裸眼通井规进行模拟通井，这个过程可以模拟出工具下入过程中的可能遇阻点，同时通井规还可以起到修缮井径的作用，可以使工具下入更顺畅。

表 5-3-2 携砂液对球座磨蚀分析数据表

输入数据				计算数据			
最大砂浓度	ρ_s	5	ppg	流动区域	A	0.0058	m²
	ρ_s	600	kg/m³				
流体密度	ρ_l	8.41	lb/gal	通过球座速度	v	14.35	m/s
	ρ_l	1010	kg/m³	砂率	W	50.04	kg/s
钻井液密度	ρ	1313.0	kg/m³				
				年磨蚀量	h	171	mm/h
流动率	Q	31.45	bbl/min	每小时磨蚀量	h	0.02	mm/h
	Q	5.00	m³/min		h	0.001	in/h
	Q	0.0833	m³/s	每级时间	T	453.2	min
				最大可磨蚀量		0.01	in
每级砂量	S	3000000	lb				
每级砂量, t	S	1361	t	总磨蚀量	E	0.006	in
颗粒直径	d_p	3500	mm		E	0.147	mm
球座直径	D	3.385	in				
	D	0.0860	m				

(2) 在裸眼完井工具下入过程中，尽量使工具的下入保持连续平稳，不可在裸眼段静止不动太长时间。

(3) 在工具下入过程中遇阻，可以在技术部门指导下采取上提、下放管柱的方法尝试通过遇阻点；采取上提下放管柱仍然无法通过，可上提 20~40m 后，以低排量 0.15m³/min 进行循环，最大排量不可超过 0.3m³/min，并且确保钻杆内外压差低于 2.5MPa。

(4) 若工具最终无法通过遇阻点，停止下入，则需要提出工具，重新通井和适当调整完井管柱工具组合，讨论更改工具设计，减少压裂段数，待通井结束后再次尝试再次入井。

(5) 若工具遇阻并且无法解卡，则需要主管部门与技术部门共同讨论，是否就地坐封，进行可压裂层段的压裂。

2. 裸眼封隔器无法坐封应急预案

投入 $1\frac{1}{2}$in 坐封小球，顶替足够量的液体后，小球无法落座，可以采用突然起泵、停泵，多次尝试促使坐封小球入座；若仍然无法使坐封小球入座可再投入一颗同样尺寸的坐封小球，等待小球自由落体后，再次进行顶替等量水平段体积的钻井液，使小球入座，坐封裸眼封隔器。

若上述尝试后小球还是无法落座，则需要投入 $1\frac{3}{4}$in 尾管悬挂器封隔器坐封小球，强制尾管悬挂封隔器坐封，然后进行丢开、回插完井工序。在后期压裂时可用高排量（可能需大于 5m³/min）产生的压差来开启第一段定压滑套压裂端口，同时这个压力会坐封裸眼封隔器。若 $1\frac{3}{4}$in 小球也无法坐封封隔器，则小球应该在钻杆中遇卡，需要钢丝作业来探测小球在钻杆遇卡位置,并用钢丝作业所携带通井规将小球推入球座。在主压裂前,可以再次投入一颗 $1\frac{1}{2}$in 小球,对尾部循环端口进行封堵,并坐封所有封隔器。

3. 套内封隔器滑套压裂管柱起不出应急预案

(1) 下入特殊加工打捞工具,入井到位后按照工具丢开吨位上提,吨位可在设计吨位上下浮动5%,提不动进行正洗井和反洗井,同时尝试上提,如果仍然无法提动,可下压管柱,多次活动管柱和正反洗井同时进行。

(2) 起出顶部一封后,下入内捞捞矛,重复洗井打捞后续井下工具,直至全部捞出。

(3) 若多次打捞不成功,就进行修井作业,研磨和打捞并行操作,直至全部捞出井下工具。

4. 压裂施工时套管、井口及地面管线刺漏应急预案

1) 压井准备

(1) 压井液准备。根据储层特征,为降低储层伤害,充分发挥油气井产能,设计选择配套的压井液体系。按井控管理规定要求,压井液密度依据地层压力系数附加 $0.07 \sim 0.15 \text{g/cm}^3$。

(2) 压井管线连接技术要求。井口油套、技套环空阀门连接耐压70MPa的 $2\frac{7}{8}$in 高压节流管汇,施工过程中打平衡压力的泵车以及压裂泵车压裂前连接好压井管线,具备正常压井(正、反循环压井或者挤压井)条件。

2) 压裂施工时井口及套管刺漏、失控应急预案

(1) 若采气树安全阀以上小四通、测试阀门以及地面压裂管线等刺漏,立即停止压裂施工,迅速关闭井口安全阀门,待压裂管汇泄压后,对小四通、测试阀门等刺漏部件进行更换。

(2) 若采气树主阀以上安全阀、小四通、测试阀门以及地面压裂管线等刺漏,立即停止压裂施工,迅速关闭井口主阀,压裂管汇泄压后,对安全阀门小四通或测试阀门等刺漏部件进行更换。

(3) 若井口主控阀门以及大四通法兰及阀门刺漏,具备压井条件的,立即停止压裂施工,关闭小四通侧翼阀门,打开大四通侧翼阀门,接返排管线,放喷泄压后,利用压井液进行挤压井或使用连续油管压井,井筒压稳后,打开井口,更换井口主控阀门或者刺漏部分。

(4) 若套管头两翼阀门或者套管头法兰面刺漏,技套环空压力升高,打平衡压管线泄压(35MPa)。

①压裂施工过程中技套环空压力平衡压力设定 $10 \sim 20$MPa,如果管线定压泄压阀泄压(35MPa),说明 $5\frac{1}{2}$in 套管刺漏或者插入密封失效,立即停止压裂施工。如果确定刺漏而且压力无法控制,立即启动压井程序,从油套内注入压井液循环压井。

②若阀门刺漏,根据现场情况,采取相应措施更换套管头阀门。

③如果套管刺漏的通道较小,不能构成循环压井,则进行套管挤压井(或者使用连续油管压井)。

(5) 若压裂施工井口端起或者现场判断不具备压井条件,处于完全失控状态,则紧急疏散,人员和设备迅速撤离井场,启动采取井喷应急预案。

5. 球无法按预定设计打开对应的压裂滑套应急预案

(1) 采用快速停泵，起泵的措施进行尝试。

(2) 若还是不能成功，则可以再投入备用的堵球，泵注入直井段后，停泵 30min，待球落入水平段后起泵以 $3m^3/min$ 的排量推球入座。

(3) 若第二颗堵球也无法开启滑套，则可用连续油管带相应尺寸大小推球器将滑套打开。

6. 压裂施工出现问题应急预案

(1) 压裂压力高、压不开：若本级滑套打开后地层无法压开，则可采用震荡法（快速加压、快速泄压）尝试，若震荡法不成功，与客户讨论决定是否放弃本层压裂。若放弃本层压裂，则可采用连续油管携带下一级的推球器开启下一级压裂滑套。

(2) 压裂时压力波动大应急预案：加砂阶段压力缓慢增高，可由甲方与压裂工程师讨论决定是否继续提高砂比；若遇到压力快速上升，则停止加砂，进行顶替。

(3) 压力上升过快或压力急剧下降，停止加砂，开始顶替。

7. 砂堵应急预案

1) 压裂砂堵

当发生砂堵后，第一步就是在可控制的条件下进行返排（返排时不要反复开井关井）。这有助于立即从地层中排出液体，从井筒中返排出支撑剂然后返排井筒内下一级堵球（如果已经投入）。

这时，或者井已经被返排干净，从井筒中返出了所有的压裂液和支撑剂，或者井停止返排，部分液体和支撑剂留在井筒中。

2) 井筒冲洗

这种情况下，压裂增产作业砂堵后立即返排。清理干净井筒内的压裂液和支撑剂，留在井筒中的是地层液体。尽管井被清理干净了，在水平段仍然可能有固体或者支撑剂留在管柱底部。这些支撑剂会阻止堵球坐封在球座上而无法打开滑套，当黏稠的前置液从井筒向下泵时，将携带所有井筒中的支撑剂。这些支撑剂会在前置液阶段的开始就到达地层。这将立即导致砂堵或将裂缝偏离油藏中最好的层段。在这样的情况下，这一段将无法被压裂。因此建议按照该段会残留部分支撑剂的情况对该段进行处理。但是，有时考虑到调动连续油管来清理支撑剂的时间、效果和成本（例如海上平台）较高，作业者可能会假设井筒没有支撑剂并且继续进行施工。如果是这种情况，作业者必须考虑上述的风险，也就是这一层可能无法增产。此时必须作一个决定，或者假设支撑剂已经清理干净并继续施工，或者假设井筒底部有支撑剂残留而继续施工。

3) 下一级堵球返回地面

这种情况是支撑剂和（或）压裂液体留在井筒中，由于井停止返排或在水平段低处出现了支撑剂沉积。这时根据是否投球会有两种情况，一种是在砂堵发生之前下一级堵球已经投下，而且在返排过程中没有返排出来，这样井筒中有下一级堵球；另外一种是砂堵之前还没有投球或球在返排时返排出来了，这样井筒中就不会有堵球。

4) 推球至球座

这种情况是有支撑剂和（或）压裂液在井筒中，堵球也在井筒中。这种情况下需要用连续油管来清理支撑剂和压裂液并推堵球到球座上。具备清洗和推堵球的连续油管井底工具。其中，磨鞋的尺寸必须大于堵球尺寸与油管内径的差。

5）压裂滑套开启

这种情况是连续油管被用来从井筒中清洗支撑剂，并将球推到球座上。推荐以下步骤来开启压裂滑套打开喷砂口。

确保所有支撑剂从井筒中清理出去后，将球推到对应的球座位置。在泵注过程中，重复起下连续油管，通过连续油管推动堵球以确定下入阻力来自于堵球坐封而不是支撑剂堵塞。停止通过连续油管的泵注，关闭连续油管返排管线，准备憋压。推动堵球到达球座并起泵，在井筒内憋压开启滑套打开喷砂口。这时有可能实现憋压并开启喷砂口，也可能由于堵球的损伤而无法密封，在推动和清洗过程中，堵球可能会受到损伤。

6）进行下一级压裂施工

这种情况是已经成功开启了喷砂口。推荐下列步骤：进行注入测试以确认喷砂口已经开启，当喷砂口开启以后，开启连续油管返排管线，保持井内压力平衡，用低伤害地层的低黏液体（如盐水）顶替井筒然后起出连续油管。当起出连续油管时保证少量的正压差防止地层中的固体进入井筒。起出连续油管，按照计划恢复泵注。

7）研磨堵球

在球被损坏的情况下，问题是前面一个球损坏到什么程度，是已经损坏成碎片而不能坐封球座，还是轻微的损伤而不能承压。

第一种情况当球破碎成碎片，表明可以把目的球座前后清理干净，这样不会影响第二个堵球坐封。

第二种情况当球只是轻微的损坏，可以坐在球座上但是不能承压。应当采用钻头来清除，保证有效的球座。

基本的施工程序：起下连续油管并推动堵球尝试坐封，通过憋压尝试开启喷砂口。如果不能憋压和开启喷砂口，打开连续油管返排管线保持井内压力平衡。用不伤害地层的低黏液体（如盐水）顶替井筒然后起出连续油管。当起出连续油管时保证轻微的正压防止地层中的固体进入井筒，再次下入连续油管，钻球工具组合到达球的深度，启动马达并工作30s保证堵球被粉碎，不要让连续油管向前移动，否则可能会伤害到球座，循环约5m³液量使得球体碎屑离开目标球座，起出连续油管，保证轻微的正压防止地层中的固体进入井筒。

第四节　健康、安全和环境

一、安全措施

安全第一，在任何时候都要综合考虑压裂施工的安全问题。现场参与施工人员均需穿戴合适的安全防护用品以降低人身伤害风险。安全帽、硬头鞋和安全镜是现场人员穿戴的基本安全设备。在特殊情况下，还需穿戴其他设备，如听力保护设备、护目镜、防火纤维和过滤面罩等。穿戴安全设备是简单的步骤，它为现场创造了一个安全的环境。

1. 作业队伍需配备的文件

压准作业队伍和压裂施工队伍应配备 SY/T 5289—2008《油、气、水井压裂设计与施工及效果评估方法》标准文件。

2. 压裂井口安全质量技术要求

按 SY/T 5289—2008 第 5.5.2 项相关标准执行：

（1）所选压裂井口的铭牌耐压强度应大于设计施工最高井口压力。

（2）套管升高短节组配要与油层套管规格、钢级、壁厚相符，并用密封带上紧。

（3）压裂管柱质量载荷大于 400kN 时应对套管头进行加固。

（4）压裂井口要全部装齐，螺丝对称上紧，以确保耐压，阀门应开关灵活，井口用钢丝绳固定绷紧。

（5）平衡车及放喷管线一律用硬管线连接，并固定牢靠。

3. 压裂设备管汇安装安全要求

按 SY/T 5289—2008 第 5.1.4 项相关标准执行：

（1）按设计要求配齐压裂主机及辅机，数量应满足设计功率要求。

（2）压裂施工前，压裂主机及辅机的技术性能应符合下列要求：

①压裂泵车，以压裂泵为核心的各个系统的工作状况良好。

②混砂车，以混砂罐为核心的各个部位协同动作技术状况良好。

③管汇车，低压管汇密封好，高压管汇耐高压。

④仪表车、监控仪、微机、压裂泵车及遥控操作台应性能良好。由压裂泵车、地面高压管汇、井口、砂浓缩器、液氮泵车、投球器传送来的讯号及数据资料可信。对遥控操作台发出的讯号、二次执行机构动作正常，报话机对话清晰。

⑤砂罐车，按设计要求备齐合格的压裂支撑剂，按时送给输砂器。

（3）压裂施工后，对设备的气路系统、液压系统、吸入排出系统、散装系统、仪表及执行机构系统、混合系统、三缸柱塞泵、卡车、燃料系统、设备故障等 10 个系统进行检查处理。

4. 压裂井筒安全质量要求

按 SY/T 5289—2008 第 5.1.2 项相关标准执行：

（1）对完井套管程序中各种套管的规格、钢级、壁厚、下入深度等各种数据清楚。

（2）压裂下井工具系列选型，其抗拉、耐压差、耐温应符合本井压裂设计要求，下井连接正确，坐封载荷及深度准确，验封合格。

5. 压裂现场安全施工要求

按 SY/T 5289—2008 第 5.5.2 项相关标准执行：

（1）在压裂设备出发前，应对道路、井场进行勘察。

（2）设备摆放时，应安排好混砂车与管汇车、管汇车与压裂泵车、压裂泵车距井口的距离。液氮泵车应对称摆放。仪表车应安放在能看到井口，视野开阔的地点。

（3）高低压管汇。

①低压管汇安装：

a. 每个压裂罐应有两个出口，接两根胶管入混砂车吸入泵管汇。

b. 混砂车排出泵管汇到管汇车至少接三根专用胶管。

c. 管汇车到压裂泵车的上水管线必须用缠有钢丝的胶管，并尽可能减少弯曲。

②高压管汇安装

a. 管汇车到压裂泵车的高压管线应接成平行四边形。

b. 对于 $\phi 88.9mm$ 高压管线，由井口到管汇车的联接顺序应为：井口、投球器、压力传感器、放空三通、单流阀、管汇车，接成 Z 字形。

c. 所有高低压管汇由壬头均应清洗干净，涂机油，戴好并咂紧。

（4）压裂泵车排空及地面高压管汇试压。

①压裂泵车循环的排空液应返回混砂罐。

②应采用静试压方法试压。

③对于试压指标，设计施工压力小于 70MPa 时，增加 6MPa 试压；设计施工压力大于 70MPa 时按设计要求执行。

（5）召开施工前安全、分工、技术交底会，明确最高限压指标。

（6）测试压裂。

①应进行一次以上瞬时停泵。

②测压力降落时间应为泵注时间两倍以上。

（7）压裂施工。

①泵前置液：应采用能为携砂液预造缝，并能观察裂缝延伸状况的冻胶压裂液。

②泵携砂液：

a. 按设计要求，用选择好的混砂车加砂模式进行阶段加砂。

b. 用仪表车监控仪、密度计监控携砂液砂比和密度，及时调整加砂速度，定期对携砂液进行取样监控。

c. 注意支撑剂输送时的压力变化，若裂缝脱砂砂堵，应及时停泵处理。

③加砂阶段故障处理：

a. 加砂阶段发现交联剂或原胶中任一种液体不足时，均不能继续加砂施工，应提前顶替。

b. 加砂阶段裂缝脱砂砂堵时若要继续加砂，则应立即开井放喷一个顶替量，将裂缝中浓砂团反冲开后停止放喷，重新再泵前置液、携砂液，将设计砂量加完。重新泵入的前置液作为隔离液，不计入携砂液总量。

c. 对于易发生裂缝脱砂砂堵的地区，应多做几次测试压裂，核实该区压裂液综合滤失系数，及时调整压裂设计。

④泵顶替液：

a. 当携砂液密度降到压裂液本身密度时，开始计顶替液。顶替不能过量。

b. 顶替阶段正是最后阶段携砂液进入裂缝阶段，要特别精心观察高砂比段能否顺利进入裂缝。

（8）记录压裂后压力降落。

①开始记录压力降落 10～15min 以前应加密记录。

②测压力降落时间应为泵注时间的两倍以上。

(9) 压裂后油气井管理。

①关井时间应不少于压裂液破胶时间。除设计要求强制裂缝提前闭合外，均应等裂缝闭合后，再开井放喷。

②开井放喷停喷后，要及时连续返排压裂液。

③压裂井投产应单独计量，及时调整油井工作制度，充分挖掘压裂后油井生产潜力。

④压裂后应测压力恢复曲线（选井进行），并对比压裂前后的效果。

(10) 对可燃液体的预防措施。在选择油基液体作为压裂液以前，要对它的挥发性进行测试。如果油的雷德蒸气压力小于 1，API 重度小于 50°API，开口杯内闪蒸点为 10°F，那么则需重点考虑泵注安全。然而，即使考虑了泵注安全，当泵注油基液体时，仍需遵守几条额外的安全规则。

(11) 对泡沫液体的预防措施。另一个经常发生的可能危险是窒息，N_2 和 CO_2 可能集中在较低的区域，挤走能呼吸的空气，不要让人员进入这些区域。任何时候，人员都需处于上风区域。在返排期间只需一个人接近井口，使用远方操作的阀门将可增加安全性。

(12) 有毒、有害气体监测。现场安装 CO_2、CO 和 H_2S 等有毒、有害气体检测仪。

二、环境保护

压裂施工的实施，通常都要采取环保措施，尽量降低对空气、水和地面的污染，所有的操作都应完全符合环保法律和法规。

压裂入井材料要求：入井材料要求必须经检测符合标准，配液质量符合标准。

(1) 所有的有害物质都应尽快清除，一切废水和无用的材料都要以有利于环保的方式加以处理。剩余压裂液严禁随处乱排乱放；车辆要按指定的路线行驶，严禁随意开路、压地和破坏植被；旱季干燥天气在农田、村庄经过时必须洒水防尘。

(2) 施工过程中产生的工业垃圾、生活垃圾必须集中存放，统一处理。

(3) 现场备液时尽量减少压裂液外溢，减少对井场的污染。添加化工品后，不能将盛装化工品的桶倒放，以免残余化工品外流。

(4) 压裂液返排时，作业队伍在井场预先备好池子，控制排放，不得污染周围地面环境。

(5) 有条件的井可以对喷射阶段的液体回收利用，压裂液可以采用可回收压裂液，减少压裂液的排放。

(6) 施工结束后，剩余残液由压裂队负责回收，按指定方式、指定地方排放。施工车辆废机油要用容器回收，施工结束后对井场作业区域进行全面清理，清理现场，恢复地貌，必须达到工完料净场地清。

第六章 现场应用

第一节 实例一：HSP1 井套管固井水平井多段分簇压裂

一、HSP1 井基本情况

HSP1 井是针对 H47 区块 S 层位部署的一口多簇压裂试验水平井，目的是通过水平井多段分簇体积改造技术，提高储层动用程度，从而提高单井产量，为低渗透水平井提高单井产量探索新的技术途径。

HSP1 井完钻井深 1916m，垂深 1388.8m，水平段长度 350m，地层温度 50℃。目的层平均渗透率 8.7mD，平均孔隙度为 10.9%，泥质含量 25%。

二、压裂设计情况

1. 工艺选择

根据储层展布情况，为了实现水平井段储层的充分改造，本井设计 5 段改造，应用不动管柱一次压裂 5 段工艺，对全井实施改造，压裂管柱图如图 6-1-1 所示。

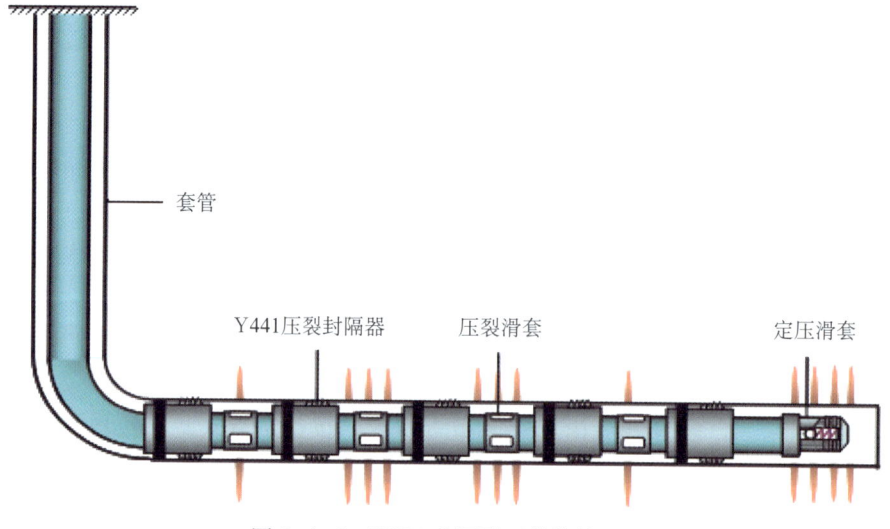

图 6-1-1 HSP1 井压裂工艺管柱图

2. 射孔情况

本井采用多段分簇压裂方式，根据储层钻遇砂体特点，砂岩段采用分簇射孔。每簇射开 0.5m，孔密 12 孔/m，对于井眼轨迹出了油层的泥岩段，采用常规分段射孔，每段射开 3m，孔密 16 孔/m。压裂目的层射孔数据见表 6-1-1。

表 6-1-1　HSP1 井射孔参数表

层号	层位	井段，m 起	井段，m 止	厚度，m	解释结果	孔密 孔/m	备注
13	S5	1872.5	1872	0.5	油层	12	第1段
13	S5	1849.5	1849	0.5	油层	12	
13	S5	1829.5	1829	0.5	油层	12	
13	S5	1807	1806.5	0.5	油层	12	
8	S5	1740	1737	3	泥岩	16	第2段
8	S5	1685.5	1685	0.5	油层	12	第3段
8	S5	1665.5	1665	0.5	油层	12	
8	S5	1645.5	1645	0.5	油层	12	
8	S5	1618.5	1618	0.5	泥岩	12	第4段
8	S5	1596.5	1596	0.5	泥岩	12	
8	S5	1576	1575.5	0.5	泥岩	12	
5	S5	1557	1554	3	油层	16	第5段

3. 压裂规模及裂缝模拟计算

1) 分簇间距优化结果

分簇间距优化结果如图 6-1-2 所示。

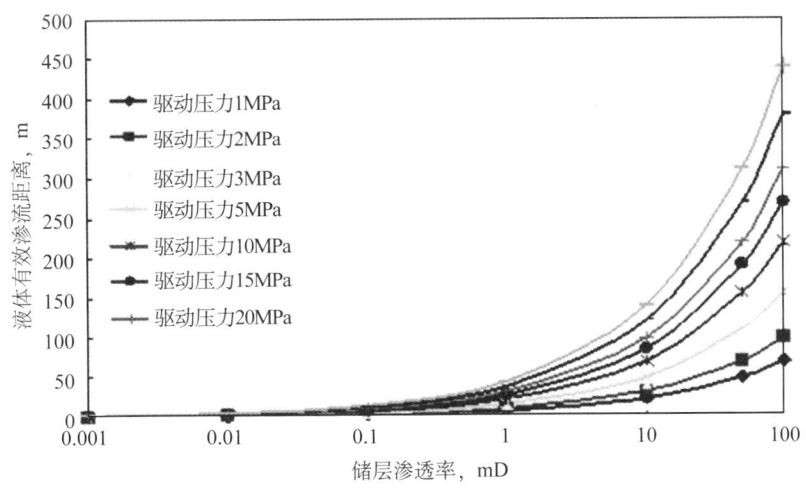

图 6-1-2　不同驱动压差下流体渗流距离随渗透率的关系

储层渗透率为 0.3mD，驱动压差为 15MPa，一年之后流体的渗流距离为 28m，确定段间距为 50m，595m 水平段长度确定为 12 段压裂。

2) 裂缝长度优化

根据最大化改造程度和施工能力利用产能预测软件对最优的裂缝半长进行优化模拟，根据储层物性条件及井网条件，HSP1 井 S 油层合理半缝长为 150m。优化结果如图 6-1-3 所示。

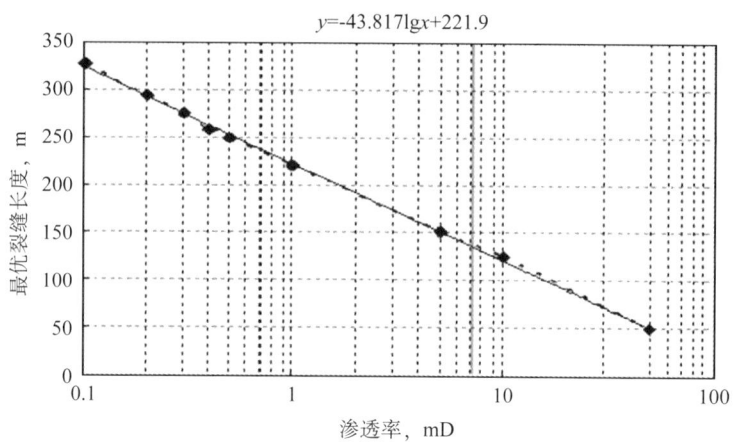

图6-1-3 储层渗透率与最优裂缝半长关系曲线

3) 裂缝导流能力优化

依据模拟计算结果,结合压裂施工参数等因素,选择HSP1井裂缝裂缝导流能力50～60D·cm。具体优选情况见表6-1-2。

表6-1-2 HSP1井导流能力计算结果表

导流能力, D·cm	产量, t/d	无量纲导流能力	需要的缝宽, cm
15	4.946	0.865	5.966
20	5.334	1.15	6.879
25	5.654	1.44	7.697
30	5.918	1.73	8.437
35	6.142	2.02	9.116
40	6.33	2.3	9.728
45	6.5	2.59	10.323
50	6.65	2.88	10.885
55	6.78	3.16	11.402
60	6.902	3.45	11.914
65	7.012	3.74	12.405
70	7.112	4.03	12.877

4) 压裂规模设计

HSP1井人工裂缝长度需求为150m,优化单级合理单簇施工规模为20m³。

压裂方案:支撑剂总量240m³;压裂液总量1625m³,其中第1段加砂80m³,第2段加砂20m³,第3段加砂60m³,第4段加砂60m³,第5段加砂20m³。设计施工参数见表6-1-3。

4. 压裂材料选择

1) 压裂液体选择

本区块油层温度50.8℃,压裂液选择水基硼砂型压裂液。由于储层温度低,压裂液存在破胶难的问题，在压裂过程中添加微胶囊破胶剂，同时结合低温酶和过硫酸铵复配体系，保障压裂液破胶彻底。

表 6-1-3 HSP1 井设计参数表

施工参数	总量				
	第 1 层	第 2 层	第 3 层	第 4 层	第 5 层
有效液量，m^3	519.9	161.9	401.9	401.4	140.0
前置液，m^3	123.0	38.0	99.0	99.0	32.5
携砂液，m^3	366.3	113.4	294.4	294.4	97.5
替置液，m^3	13.5	10.5	10.5	10.0	10.0
支撑剂，m^3	80	20	60	60	20
20~40 目陶粒，m^3	72	20	55	55	20
16~20 目陶粒，m^3	8	—	5	5	—
平均砂液比，%	21.8	17.6	20.3	20.3	20.4
排量，m^3/min	4.5	4.0	4.5	4.5	3.5

2）支撑剂的选择

由于本区储层闭合压力 23MPa，为了保证压裂裂缝的长期导流能力要求，支撑剂选择 20~40 目 52MPa 陶粒。

三、实施情况

1. 压裂施工情况

HSP1 井全井压 5 段，全井加砂 240m^3，总液量 1820m^3，平均砂比 25%，顺利完成第一口分段多簇压裂井现场试验，压裂施工曲线如图 6-1-4 所示。

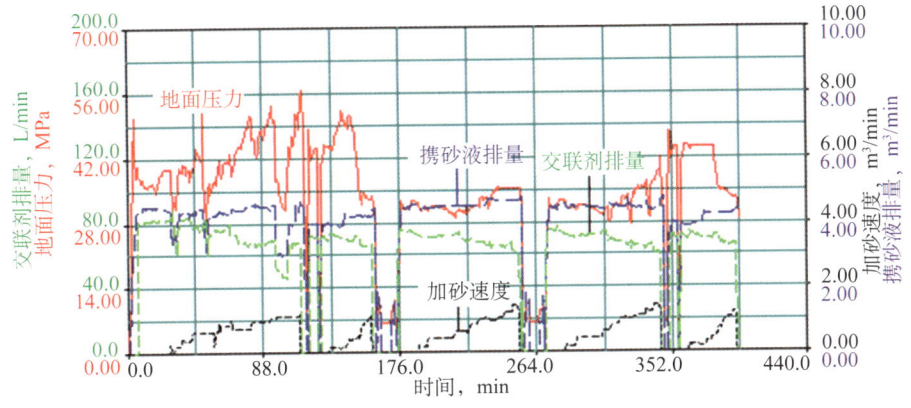

图 6-1-4 HSP1 井压裂施工曲线图

2. 投产情况

HSP1 井压后初期产油量为 13.57t/d，稳产期间产油量为 6t/d，产量为周边直井的 3 倍以上。具体投产情况如图 6-1-5 所示。

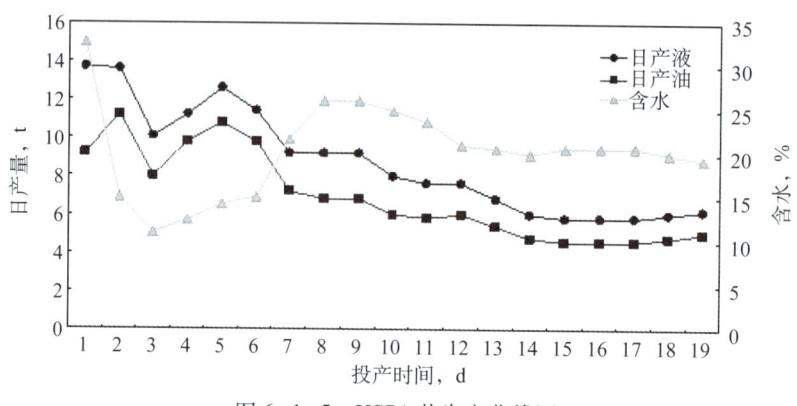

图 6-1-5　HSP1 井生产曲线图

四、压裂评价

本井为了评价分段多簇压裂参数，对前三段进行了压裂裂缝测试。

1. 压裂裂缝测试认识

（1）第一段设计 3 簇裂缝，从图 6-1-6 中裂缝测试结果上可以看出，本段裂缝开启 3 簇。

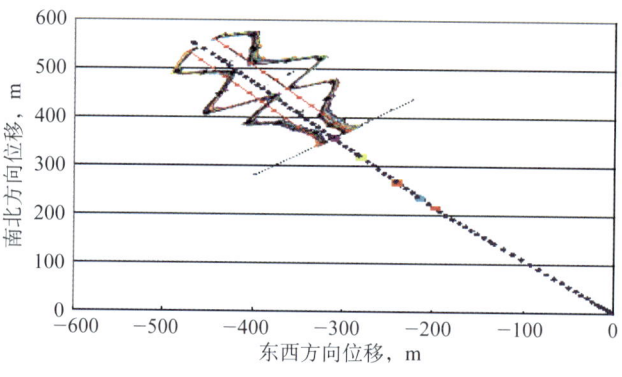

图 6-1-6　HSP1 井第一段裂缝测试图

（2）第二段设计 1 条裂缝，从图 6-1-7 中裂缝测试结果上可以看出，本段裂缝完全开启。

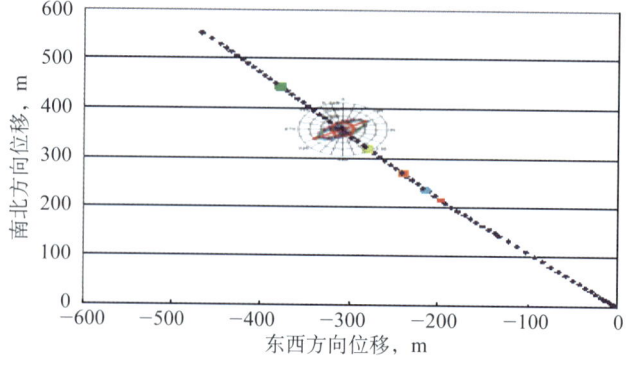

图 6-1-7　HSP1 井第二段裂缝测试图

(3)第三段设计 4 簇裂缝，从图 6-1-8 中裂缝测试结果上可以看出，本段裂缝开启 3 簇。

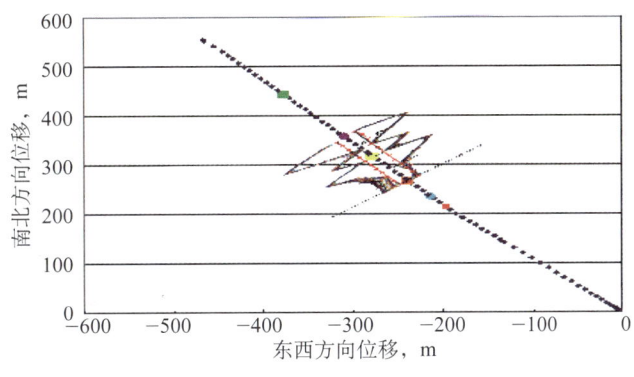

图 6-1-8　HSP1 井第三段裂缝测试图

第二节　实例二：HHP2 井封隔器滑套 15 段压裂

一、HHP2 井油藏地质特征

HHP2 井是 H168 区块针对 H 部署的采用多级压裂开发的水平井，目的是通过水平井多级压裂体积改造技术，最大限度使储层改造体积最大化，提高储层动用程度，从而提高单井产量，以寻求其经济有效开发低渗透致密油藏模式。

HHP2 井完钻井深 2284m，垂深 1558m，水平位移 560m，地层温度 53.82℃。目的层平均渗透率 1.5mD，孔隙度 11%，泥质含量 20%。

二、压裂设计情况

1. 工艺选择

根据本井储层情况及砂体展布情况，确定了 15 段压裂（图 6-2-1），为了满足储层改造的要求，提高压裂施工效率，在压裂工艺上做出了如下几个改进：

（1）完善改进工艺管柱，优化滑套尺寸。在单孔压裂滑套与定压滑套之前增加 5 级的三孔压裂滑套，使压裂段数通过一趟管柱实现 15 段的压裂施工，从而可以满足一次投送可实现 15 段 45～60 簇压裂要求。

（2）将一次投送整体式套内滑套压裂管柱改为丢开式管柱，用套管压裂可以实现低摩阻大排量施工。

（3）将压裂投球球棒改为可返排的轻质球，使得压裂球施工完毕后可排出，保持井筒畅通。

2. 射孔情况

本井采用多段分簇压裂方式。根据储层钻遇砂体特点，砂岩段采用分簇射孔，每簇射开 0.5～1m，孔密 12 孔/m。对于井眼轨迹出了油层的泥岩段，采用常规分段射孔，每段射开 6m，孔密 16 孔/m。压裂目的层射孔数据见表 6-2-1。

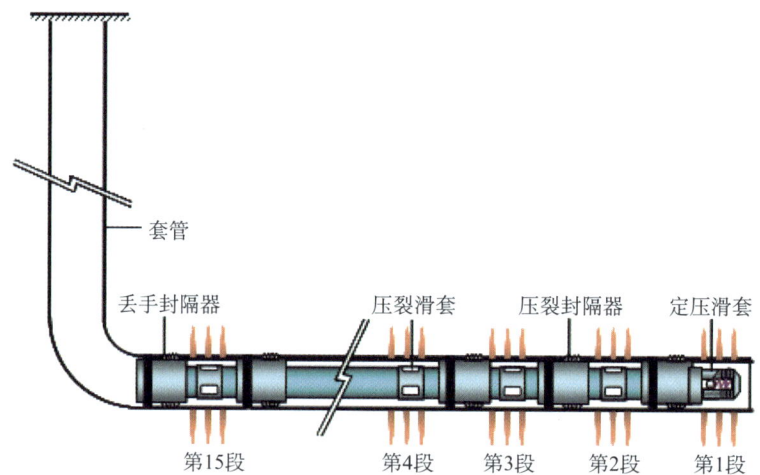

图6-2-1　HHP2井封隔器滑套分段压裂工艺管柱

表6-2-1　HHP2射孔参数表

解释层号	小层号	井段，m		厚度 m	解释结果	孔密 孔/m	备注
		起	止				
8	H	2251.0	2250.0	1.0	油水同层	12	第1段
8	H	2238.0	2237.0	1.0	油水同层	12	
8	H	2222.5	2222.0	0.5	油水同层	12	第2段
8	H	2210.5	2210.0	0.5	油水同层	12	
8	H	2198.5	2198.0	0.5	油水同层	12	
8	H	2185.5	2185.0	0.5	油水同层	12	第3段
8	H	2173.5	2173.0	0.5	油水同层	12	
8	H	2160.5	2160.0	0.5	油水同层	12	
8	H	2146.5	2146.0	0.5	油水同层	12	第4段
8	H	2133.5	2133.0	0.5	油水同层	12	
7	H	2119.5	2119.0	0.5	干层	12	
7	H	2107.5	2107.0	0.5	干层	12	第5段
7	H	2094.5	2094.0	0.5	干层	12	
7	H	2082.5	2082.0	0.5	干层	12	
6	H	2067.0	2066.0	1.0	油水同层	12	第6段
6	H	2055.0	2054.0	1.0	油水同层	12	
6	H	2017.0	2011.0	6.0	泥岩	116	第7段
6	H	1981.0	1975.0	6.0	泥岩	16	第8段
6	H	1938.0	1932.0	6.0	泥岩	16	第9段
5	H	1905.0	1904.0	0.5	油水同层	12	第10段
5	H	1893.0	1892.5	0.5	油水同层	12	
5	H	1881.5	1881.0	0.5	油水同层	12	

续表

解释层号	小层号	井段,m 起	井段,m 止	厚度 m	解释结果	孔密 孔/m	备注
5	H	1867.5	1867.0	0.5	油水同层	12	第11段
5	H	1855.5	1855.0	0.5	油水同层	12	
5	H	1842	1841.5	0.5	油水同层	12	
5	H	1827.5	1827.0	0.5	油水同层	12	第12段
5	H	1815.5	1815.0	0.5	油水同层	12	
5	H	1802.0	1801.5	0.5	油水同层	12	
5	H	1787.5	1787.0	0.5	油水同层	12	第13段
5	H	1774.5	1774.0	0.5	油水同层	12	
5	H	1760.5	1760.0	0.5	油水同层	12	
5	H	1740.0	1734.0	6.0	泥岩	16	第14段
4	H	1709.0	1708.0	1.0	油水同层	12	第15段
1	H	1696.0	1695.0	1.0	油水同层	12	

3. 压裂规模及裂缝模拟计算

1) 分簇间距优化

分簇间距优化结果如图6-2-2所示。

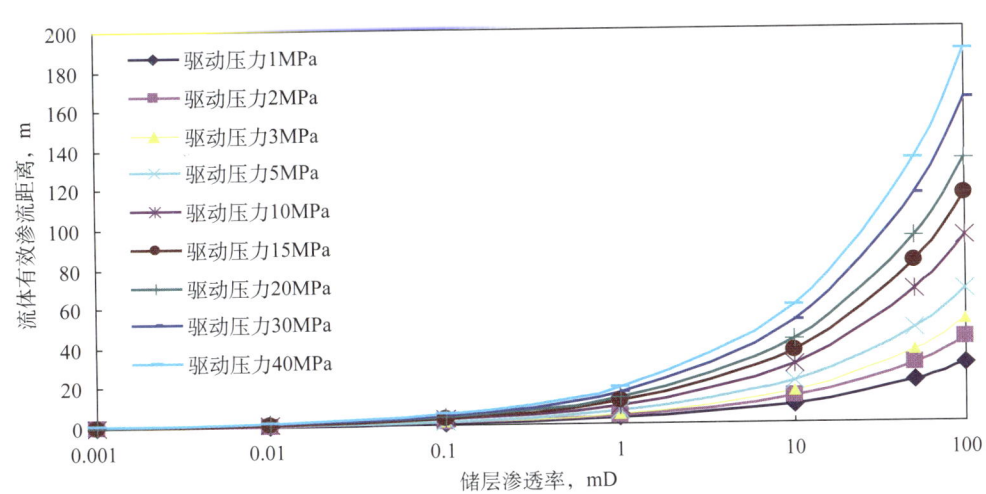

图6-2-2 不同驱动压差下流体渗流距离随渗透率的关系

HHP2井的驱动压差为10MPa,储层渗透率为10~30mD,一年之后流体的渗流距离为25~45m,确定HHP2井的簇间距为15~25m。

2) 段间距优化

由段间距与产量的关系确定,HHP2井的段间距为50~60m,关系图如图6-2-3所示。

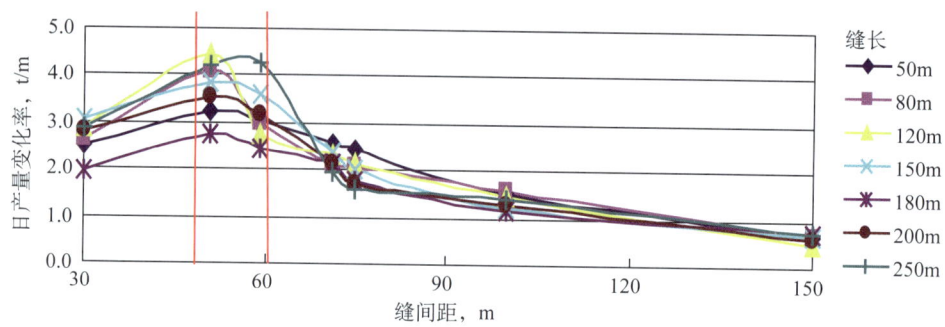

图 6-2-3 单井日产量与缝间距的关系图

3) 裂缝长度优化

根据最大化改造程度和施工能力利用产能预测软件对最优的裂缝半长进行优化模拟，根据储层物性条件，受泄油半径、断层、邻井等的限制，HHP2 井优化合理的半缝长为 150～180m，关系图如图 6-2-4 所示。

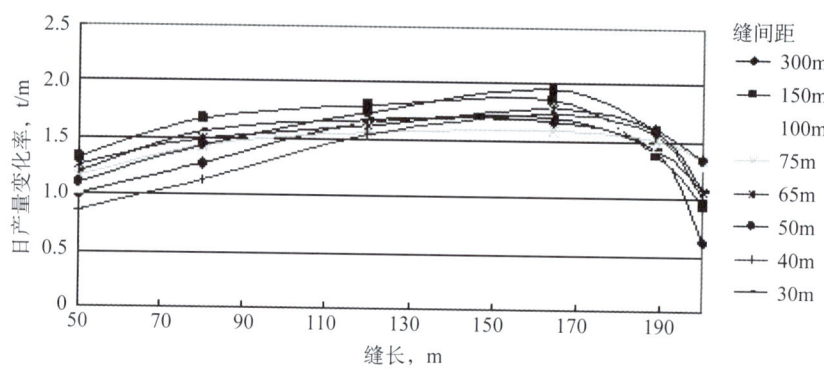

图 6-2-4 单井日产量变化率与缝长的关系图

4) 裂缝导流能力优化

依据裂缝导流模拟计算结果，结合施工排量等因素，优化的裂缝导流能力为 40～60D·cm，优化结果见表 6-2-2。

表 6-2-2 单井日产量导流能力的关系表

导流能力，D·cm	产量，t/d	无量纲导流能力	需要的缝宽，mm
20	5.334	1.15	5.786
30	5.918	1.73	6.528
40	6.330	2.30	8.356
50	6.650	2.88	9.235
60	6.902	3.34	10.471
70	7.112	4.03	12.877

5) 压裂施工参数优化设计

HHP2 井人工裂缝长度需求为 150～180m，优化单级合理单簇施工规模为 20m³。压裂参数设计情况：支撑剂总量 540m³，压裂液总量 4979m³。

1~15段设计加砂规模分别为：30m³，50m³，40m³，35m³，30m³，50m³，20m³，20m³，20m³，30m³，40m³，45m³，50m³，20m³，60m³。设计施工参数见表6-2-3。

表6-2-3 HHP2井1~15段施工参数设计表

施工参数	第1段	第2段	第3段	第4段	第5段	第6段	第7段	第8段
前置液，m³	127.0	189.0	150.0	139.0	127.0	189.0	123.0	123.0
携砂液，m³	131.0	232.0	175.0	160.0	131.0	232.0	88.0	88.0
替置液，m³	21.1	21.0	20.9	20.8	20.7	20.6	20.4	20.3
总液量，m³	279.0	442.0	346.0	320.0	279.0	442.0	232.0	232.0
砂量，m³	30	50	40	35	30	50	20	20
排量，m³/min	4	4	4	4	4	4	4	4
砂比，%	23.0	21.5	22.9	21.9	23	21.5	22.7	22.7
施工参数	第9段	第10段	第11段	第12段	第13段	第14段	第15段	
前置液，m³	123.0	127.0	150.0	165.0	189.0	123.0	208.0	
携砂液，m³	88.0	131.0	175.0	190.0	232.0	88.0	279.0	
替置液，m³	20.2	20.1	20.0	19.9	19.8	19.6	19.5	
总液量，m³	232.0	278.0	345.0	376.0	441.0	231.0	507.0	
砂量，m³	20	30	40	45	50	20	60	
排量，m³/min	4	4	4	4	4	4	4	
砂比，%	22.7	23	22.9	23.6	21.5	22.7	21.5	

4. 压裂材料选择

1）压裂液体选择

本区块油层温度53℃左右，压裂液选择羟丙基瓜尔胶压裂液体系。储层泥质含量高，在压裂液中加入柴油形成乳化压裂液体系，降低储层伤害。储层温度低，压裂液存在破胶难的问题。在压裂过程中添加微胶囊破胶剂，同时结合低温酶和过硫酸铵复配体系，保障压裂液破胶彻底。

2）支撑剂的选择

由于本区储层闭合压力23MPa，为了保证压裂裂缝的长期导流能力要求，支撑剂选择20~40目52MPa陶粒。

三、实施情况

1. 压裂施工情况

2012年3月21日至3月23日成功完成对HHP2水平井套内15段压裂改造任务，液量4850m³，砂量563m³，平均砂比30%，施工情况如图6-2-5所示。

2. 投产效果情况

HHP2投产之后初产20t/d，稳产期间产油为10t/d，产量为周边直井的5倍以上，具体生产情况如图6-2-6所示。

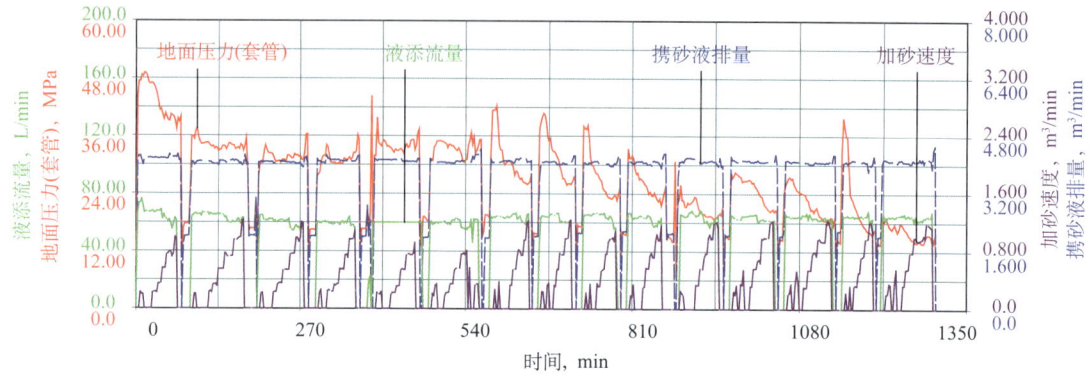

图 6-2-5　HHP2 井压裂施工曲线图

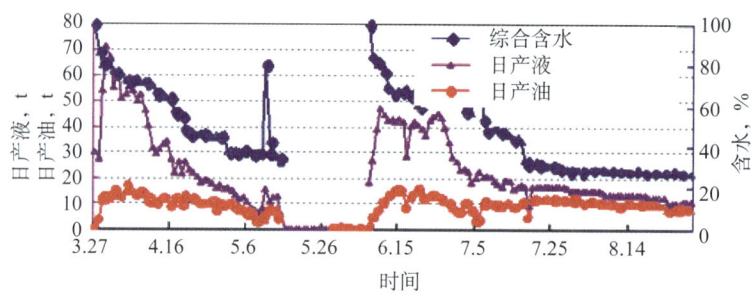

图 6-2-6　HHP2 井生产曲线图

第三节　实例三：CSDP9 井水平井裸眼封隔器滑套大规模压裂

一．CSDP9 井基本情况

CSDP9 井是在 CLD 致密砂岩气藏部署的 6in 裸眼水平井，于 2011 年 10 月 19 日完钻，完钻层位 D 组，完钻井深 4966m，完钻水平段长度 1212m，造斜点 3120m。A 点：测深 3754.8m，垂深 3532m；B 点：测深 4966m，垂深 3604.9m。钻遇储层 1120m，储层钻遇率 92.5%。依据地质情况，采用 $4^1/_2$in P110 套管 + 裸眼封隔器 + 压裂滑套完井，进行 15 级压裂改造，最大限度增加水平井筒与地层的接触面积，提高储层动用程度，提高单井产量。

二、建立气藏压裂地质模型

由 CL 气田井位部署图可知，CSD1-1 井及 CSD1-4 井为沿 CSDP9 井井筒方向分布的邻井。依据邻井及本井测井及地应力计算等地质情况，可以建立 CSDP9 井与 CSD1-1 井及 CSD1-4 井的垂向储层对比剖面，同时将 CSD1-1 井和 CSD1-4 井的应力剖面与 CSDP9 井油藏模型对应比较，建立起压裂地质模型，如图 6-3-1 所示。图中黄色为砂体，灰色为泥岩，用红色标记出的 1～15 个点分别代表 15 段压裂喷砂口在 CSDP9 井有残模型图中的位置。由应力剖面图可以看出 CSDP9 井的压裂段第 1 至第 8 段在砂体的中下部，第 9 至第 15 段为砂体中部。其中第 7 段由于在泥岩段，压裂规模适度减少。

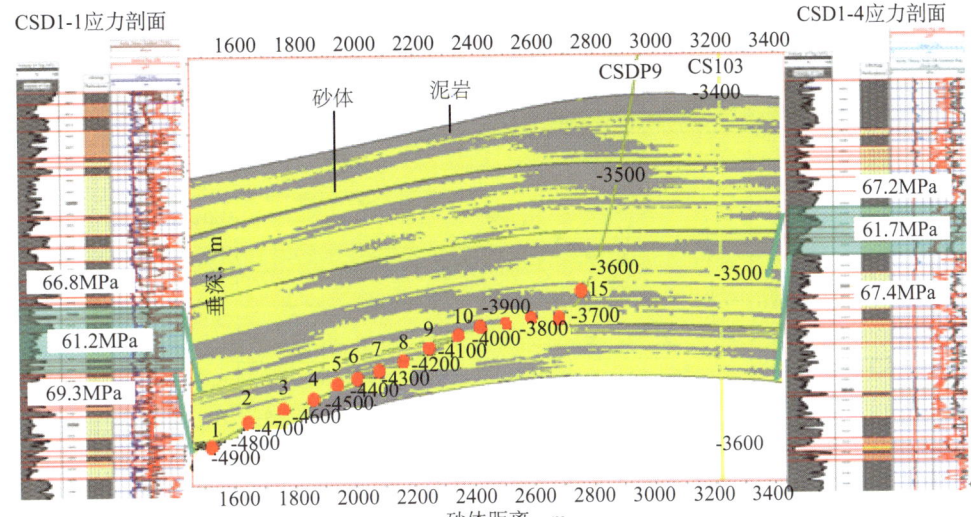

图 6-3-1　CSDP9 井油藏模拟图

三、压裂设计情况

致密砂岩气藏水平井压裂设计原则为钻完井与压裂技术相结合，体积改造与储层保护相结合，实现最大限度提高单井产能的目的。压裂设计思路为针对多个流动单元的储层特征，水平井采用横切裂缝多段压裂增大储层平面上纵向接触面积；致密砂岩气藏以增加缝长为主导的大规模压裂，增加储层平面上横向接触面积；在水平井趾部和跟部受多裂缝缝间干扰小，施工流动阻力影响较小的情况下，进一步提高压裂规模，以获得对产能的最大贡献；优化施工参数，重点提高砂比，提高压裂液效率，最大限度降低致密砂岩气藏的储层伤害。

1. 压裂级数设计

通过产量优化模拟软件对储层 1212m，长水平段在不同渗透率下最优的裂缝级数进行优化模拟，考虑 0.2mD 和 0.02mD 渗透率。

该模型考虑半年期的产量得出储层渗透率在 0.2mD 时，1200m 长水平井最优裂缝级数为 11～12 段，当级数超过 12 段后产量增加的速率很小。

在储层渗透率为 0.02mD 时，1200m 长水平井最优裂缝级数为 14～15 段，当级数超过 15 段后产量增加的速率很小。模拟结果如图 6-3-2 和图 6-3-3 所示。

2. 压裂规模设计

通过产量优化模拟软件对储层在不同渗透率下产量最优的裂缝半长进行优化模拟，该模型考虑一年期的产量，得出储层渗透率在 0.02mD 时，裂缝最优半长为 250m 左右，当半长超过 250m 后产量增加的速率很小。在储层渗透率为 0.2mD 时，裂缝最优半长为 200m 左右，当半长超过 200m 后产量增加的速率很小，如图 6-3-4 和图 6-3-5 所示。

模拟结果表明，产气量随裂缝长度增加而增加，增长趋势逐渐变缓，裂缝导流能力对压后产量的影响不大。根据以往压裂规模和井距的经验，单级裂缝长度定为 200～250m。

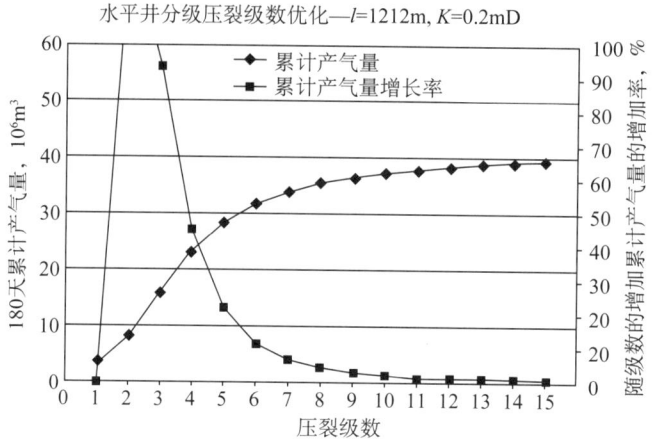

图 6-3-2 渗透率 0.2mD 裂缝级数优化

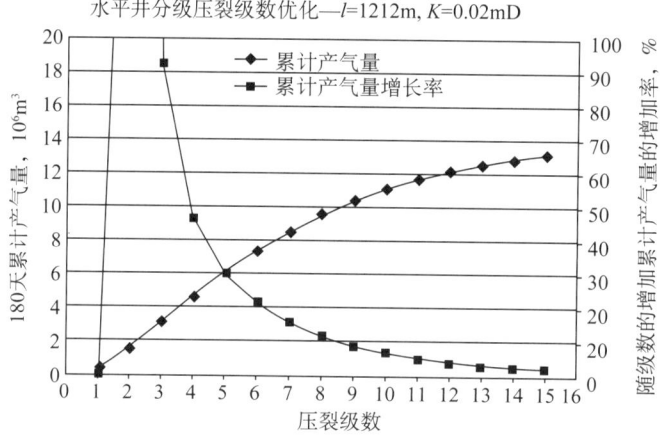

图 6-3-3 渗透率在 0.02mD 裂缝级数优化

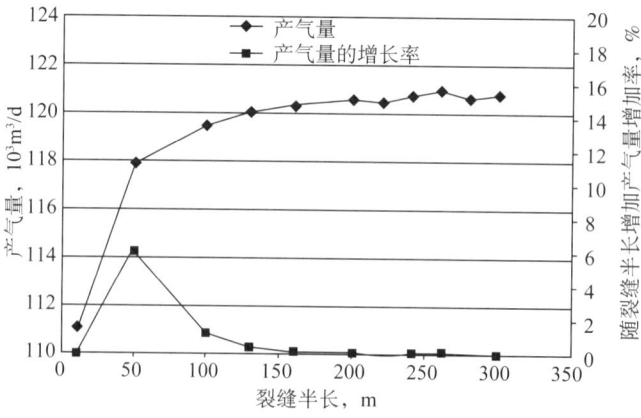

图 6-3-4 渗透率 0.2mD 裂缝半长优化

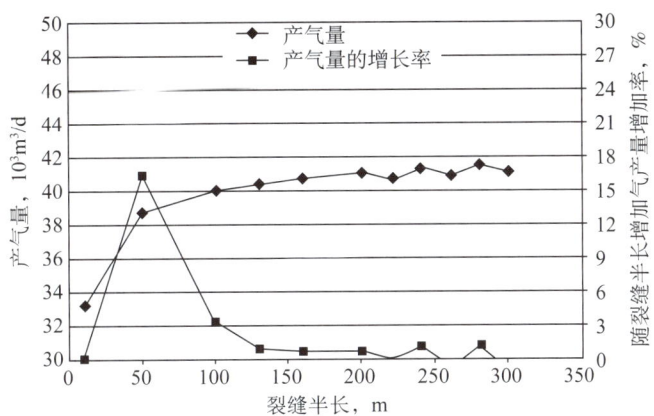

图 6-3-5 渗透率在 0.02mD 裂缝半长优化

3. 压裂施工参数设计

由于裸眼压裂不存在射孔孔眼大小不足及裂缝在近井筒的扭曲问题，因此避免了近井筒附近的裂缝复杂问题。考虑到若同时产生两条或多条主裂缝，每条主裂缝的进液排量会减半，用排量对裂缝几何形态的影响进行了模拟，模拟结果见表 6-3-1。从模拟结果可以看出排量对裂缝的长度或高度影响较大，对裂缝宽度影响有限：5m³/min 排量下为裂缝宽度为 13.4mm；2.5m³/min 排量下裂缝宽度为 11.1mm。这也和净压力（即裂缝宽度）是液体排量的 1/4 次方成正比相吻合。模拟图如图 6-3-6 所示。

表 6-3-1 不同施工排量下的裂缝几何形态

排量，m³/min	动态裂缝长度，m	动态裂缝高度，m	动态裂缝宽度，mm	平均裂缝宽度，mm
2.5	187	68.1	11.1	3.1
5（设计排量）	217.2	70.1	13.4	3.5
6	223.4	70.5	13.9	3.5

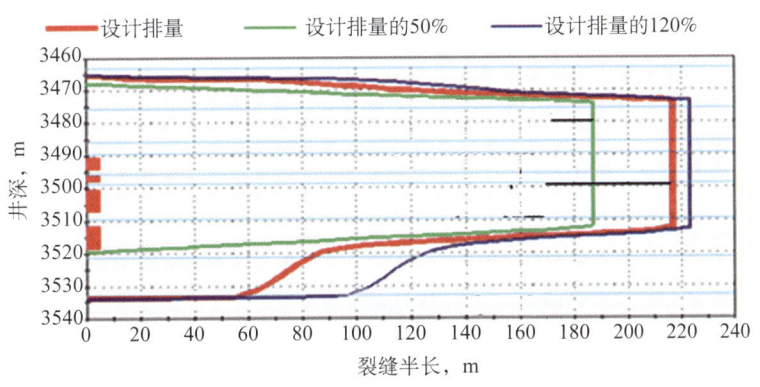

图 6-3-6 不同施工排量下的裂缝几何形态

根据优化选择的裂缝长度，由于裂缝端部受多裂缝间的干扰小，施工流动阻力影响较小，裂缝端部对产能贡献较大，因此将水平段趾部和根部加大规模。CSDP9 井设计压裂液总量 4668m³，支撑剂总量 750m³。具体施工参数见表 6-3-2。

表 6-3-2 CSDP9 井压裂设计参数表

施工参数	1级	2级	3级	4级	5级	6级	7级	8级	9级	10级	11级	12级	13级	14级	15级
前置液，m³	250	210	210	210	210	210	200	210	210	210	210	210	21	210	250
携砂液，m³	458	384	384	384	384	384	335	384	384	384	384	384	384	384	458
液量，m³	732.9	618.0	618.0	618.0	618.0	618.0	560.0	618.0	618.0	618.0	618.0	618.0	618.0	618.0	735.4
压裂砂量，m³	120	100	100	100	100	100.0	85.0	100	100	100	100	100	100	100	120
平均砂比，%	26.2	26.1	26.1	26.1	26.1	26.1	25.3	26.1	26.1	26.1	26.1	26.1	26.1	26.1	26.2
缝长，m	269.7	261.8	261.8	261.8	261.8	261.8	252.1	261.8	261.8	261.8	261.8	269.7	261.8	261.8	269.0
缝高，m	106.1	105.2	105.2	105.2	105.2	105.2	105.2	105.2	105.2	105.2	105	105	105	105	106.1
缝宽，mm	2.4	2.4	2.4	2.4	2.4	2.4	2.4	2.4	2.4	2.4	2.4	2.4	2.4	2.4	2.4

4. 分级压裂工艺设计

CLD 致密砂岩水平井压裂工艺采用裸眼封隔器完井滑套分段压裂工艺，即 6in 裸眼井中 4$\frac{1}{2}$in 套管 + 裸眼封隔器 + 滑套分段压裂工艺管柱，并通过 4$\frac{1}{2}$in 套管回接密封完井。裸眼井的完井压裂工具需满足 CLD 致密砂岩多段压裂时安全及密封要求，根据储层施工压力和温度的要求，选择井下工具耐压差 70MPa、耐温 150℃ 的 4$\frac{1}{2}$in 套管（壁厚 8.56mm，P110，抗内压和抗外挤强度 99.5MPa，螺纹型式 LTC）。

1）尾管悬挂封隔器坐封位置的确定

尾管悬挂封隔器位置由最大井斜、固井质量、套管接箍、压裂时压裂管柱受力及尾管密封胶筒的位移等几个因素决定，因此，尾管悬挂封隔器及回接密封总成部分的下入要求：

（1）由于密封胶筒为长 6.1m 的封隔器，要求最大井斜不超过 10°；

（2）坐封位置固井质量要好；

（3）坐封时避开套管接箍；

（4）尾管悬挂封隔器回接密封总成承压要求满足压裂砂堵时达到的最高施工压力；

（5）在砂堵的情况下，尾管密封胶筒的位移应小于 6.1m。

综合考虑上述因素后，尾管悬挂封隔器的坐封位置确定为 3050m，本井技术套管固井质量在 3030～3075m 之间为最优，如图 6-3-7 所示。3050m 处套管接箍为 3045m 和 3055m。3050m 处井斜为 0.55°。

2）多级压裂封隔器及压裂端口位置的确定

水平井裸眼封隔器位置的确定需要综合考虑地质上储层改造需求、井眼轨迹、井径大小等因素。确定多级压裂封隔器及压裂端口位置的原则为：

（1）压裂端口放置于本级物性、气测显示最好，应力最低的储层段；

（2）裸眼封隔器要求最好放置在裸眼井径 5$\frac{3}{4}$～7in（14.6～17.8cm）范围的井段；

（3）多级压裂工具串通过狗腿度大于 4°/30m 的井段时需要格外注意。

CSDP9 井伽马及井径测井曲线如图 6-3-7 所示，据此选择坐封位置见表 6-3-3。15 级压裂完井井身示意图如图 6-3-8 所示。

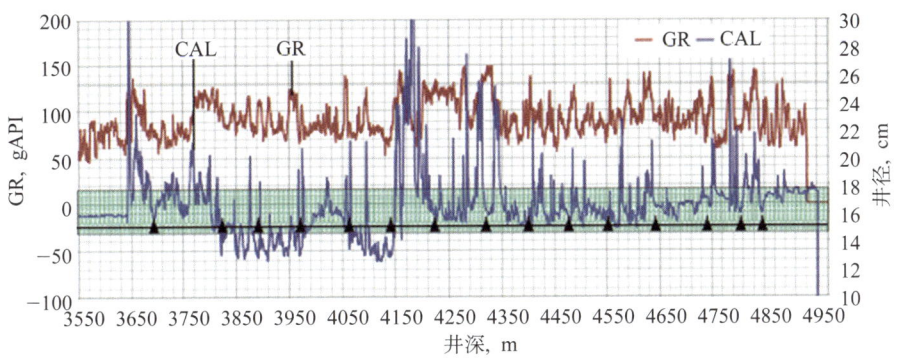

图 6-3-7 CSDP9 井工具位置图

表 6-3-3　CSDP9 井多段压裂封隔器及压裂端口位置表

项目	顶封位置		底封位置		喷砂口位置
	深度，m	井径，in	深度，m	井径，in	m
底部循环端口					4915.77
1	4845.18	6.43	4882.94	6.78	4908.80
2	4736.70	6.72	4845.18	6.43	4796.71
3	4640.73	6.55	4736.70	6.72	4678.02
4	4554.69	6.25	4640.73	6.55	4581.21
5	4479.78	6.24	4554.69	6.25	4495.45
6	4394.84	6.31	4479.78	6.24	4432.65
7	4321.25	6.39	4394.84	6.31	4347.44
8	4225.77	6.4	4321.25	6.39	4274.12
9	4139.68	5.12	4225.77	6.4	4188.48
10	4054.65	6.92	4139.68	5.12	4091.65
11	3969.61	5.13	4054.65	6.92	4006.82
12	3885.86	5.23	3969.61	5.13	3933.82
13	3822.31	5.48	3885.86	5.23	3848.74
14	3692.22	6.17	3822.31	5.48	3752.18
15	3639.40	7.83	3692.22	6.17	3655.07
尾管悬挂封隔器	3046.47				

四、完井施工情况

1. 技术套管处理情况

管柱组合：通井规 +1 根钻杆 + 刮削器 + 钻杆（3644m）。

下入上述管串通井到底，无遇阻现象，上提悬重 62t，下放悬重 54t，静止 56t，循环钻井液，起出工具，测量起出工具，工具外径 156mm。

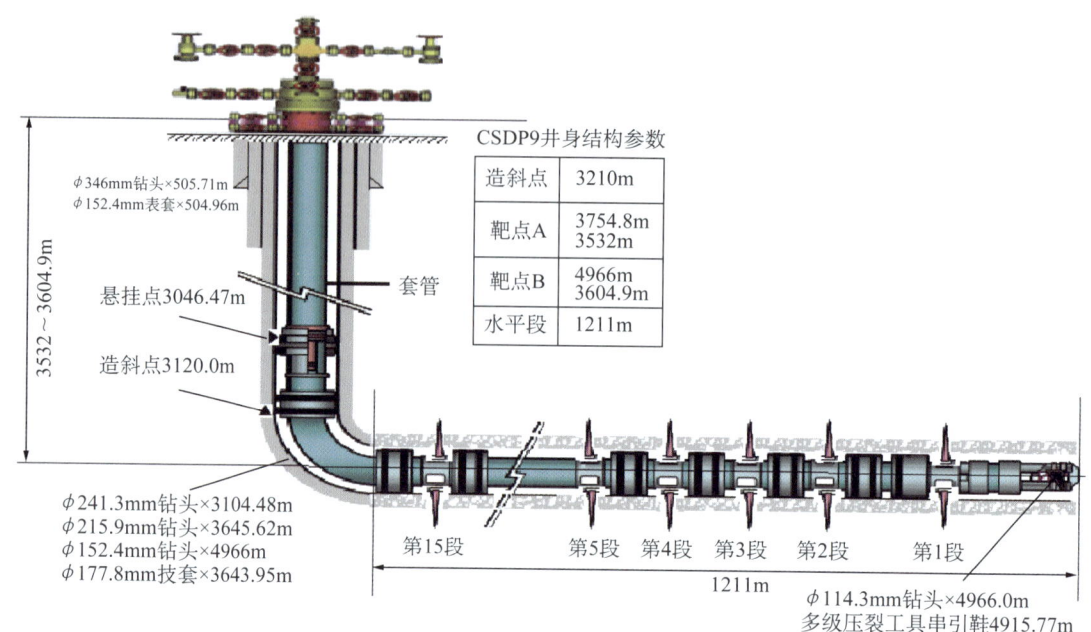

图 6-3-8 CSDP9 井 15 级压裂完井井身示意图

2. 裸眼段处理情况

管柱组合：钻头 + 双模通井规 +2 根加重钻杆 + 扶正器 +1 根加重钻杆 + 扶正器 +1 柱钻杆 + 回压阀 +50 柱斜坡钻杆 +7 柱加重钻杆 + 普通钻杆至井口。

下入上述管串，悬挂器坐封位置 3046.47m，称重上提 60t，下放 54t，静止 56t，进入裸眼段时遇阻，遇阻位置 4000m，4150m，4320m 和 4414m。划眼后下到人工井底，钻井液循环，起管遇阻，遇阻位置 4320m，上提 80t，静止 77t，下放 75t，管柱全部起出。

3. 单井壁修整通井情况

管柱组合：ϕ152.4mm 牙轮钻头（不装水眼）+ϕ101.6mm 加重钻杆 ×1 根 +ϕ149mm 井壁修整通井规 +1 柱钻杆 + 回压阀 +ϕ101.6mm 斜坡钻杆（至 51 柱）+ϕ101.6mm 加重钻杆 ×8 柱 +ϕ101.6mm 斜坡钻杆至井口。

下入上述管串，进入裸眼段遇阻，遇阻位置 3958～3870m，上提下放阻力 8～12t 通过，到人工井底，静止 78t，上提 80t，钻井液循环，短起起出裸眼。第二次下入又遇阻，遇阻位置 4000m，下放 55t，后起管遇阻，遇阻位置 4010m，上提 82t（正常 72t），起出裸眼，测量起出工具外径 145～147mm（下入时 148～149mm）。

4. 双模通井情况

管柱组合：ϕ152.4mm 牙轮钻头（不装水眼）+ϕ101.6mm 加重钻杆 ×1 根 +ϕ149mm 双模通井规 ×1 只 +ϕ101.6mm 加重钻杆 ×2 根 +ϕ149mm 双模通井规 ×1 只 +1 柱钻杆 + 回压阀 +ϕ101.6mm 斜坡钻杆（至 51 柱）+ϕ101.6mm 加重钻杆 ×8 柱 +ϕ101.6mm 斜坡钻杆至井口。

下入上述管串，进入裸眼段遇阻，遇阻位置 3616m，3873m 和 4068m，上提下放阻力 10t 左右通过，4100～4130m 划眼，到人工井底，钻井液循环，短起起出裸眼遇阻，遇阻位置 4040～4070m 和 3930m，上提最高 90t（正常 78t）。第二次下入遇阻，遇阻位置3673m，下放48t，提放5次通过，阻力50～64t，3702m时提放1次，3730m时提放2次，3930～3958m时提放2次阻力12t（正常6t），后起管，无遇阻位置，起出裸眼。3077m上提64t，静止61t，下放58～60t，全部起出，测量起出工具外径为146.5～148mm（下入时148～149mm）。

5. 完井工具下入情况

在地面按设计的完井工具位置配好管柱、组合并下入井中，下入过程无遇阻，顺利到位，剩余悬重50t。

6. 封隔器坐封、丢手情况

用钻井泵3MPa管柱顶通，顶通排量10L/s。试压、顶替，排量0.2m³/min，压力3MPa，泵入20m³。投球，送球，排量0.2m³/min，压力3MPa，泵入20m³，提排量0.3m³/min，压力5MPa，0.35m³/min，压力6MPa。球到位，打压16MPa稳压20min压力上涨至18MPa，压力20MPa，稳压20min，压力23MPa，稳压40min，压力上涨至25MPa，卸压，验悬挂器是否挂住，上提10cm，64t（正常61t）下压51t（正常58t）管柱下移35cm，证明悬挂器已挂住。环空验封10MPa，稳压15min，压力不降，打压20MPa，丢手丢开。下压8t，下行0.5m起出2个单根替钻井液。起出丢手。

7. 入回插管柱情况

下入回插管柱，下到位，回插探底，配调长短接，下到位打压验封，不起压，套管内出液，经确认为少下一根套管，继续连接套管探，探到悬挂器顶，下不去，通过多次旋转管柱下放还是下不去。核对数据为旋转丢手处最小内径为116mm，插管外径为118.5mm，所以插管下不去。决定起出回接管柱，下钻具把旋转丢手捞出来再回接；打捞工具下到位，探井没探住，核对数据发现少下一柱钻杆，探到后，加压1t，正旋管柱7圈，上提2t判断对扣成功，继续正旋管柱15圈扭矩增加后下降，说明旋转丢手剪钉剪断。上提2t不动，继续旋转12圈上提能提动，说明旋转丢手机构打开，打捞成功，起钻。

下回接管柱，下到位，回接后，打压验封不起压，经核对数据插管没插入回接筒，重新回接坐套管挂，打压验封，压力升至6MPa，不起压，发现套管挂处漏。通过套管挂上部打平衡压，环空验封10MPa，稳压15min压力不降，确定回接插管密封，套管挂漏压。

分析出现问题原因为：回接筒上部旋转丢手机构内径小，导致插管不能插入；打捞工具连接钻杆扣加工不合格，经过整改后，第二次回插正常，试压满足技术要求。

五、压裂施工情况

2011年11月15—21日，在顺利完井、坐封和进行充分的压裂准备的前提下，在启用冬防保障措施的情况下，进行了CSDP9井裸眼封隔器滑套15段大规模压裂施工。CSDP9井在第一段主压裂施工前，进行了小型压裂测试来指导压裂施工。

1. 测试压裂情况

压裂施工前各项环节检查合格后正式开始施工。首先打开井口阀门，泵注憋压38MPa以上打开第一段压裂通道后开始第一段测试压裂施工，共注入2%KCl溶液，停泵测压降2h。对压降曲线进行G-函数曲线分析、净压力拟合分析及摩阻分析，拟合分析结果如下：

G-函数曲线分析结果表明储层闭合应力58.6MPa，闭合压力梯度为0.0167MPa/m，属于正常应力范围。储层天然裂缝特征不发育，液体效率为47.8%。如图6-3-9、图6-3-10所示。

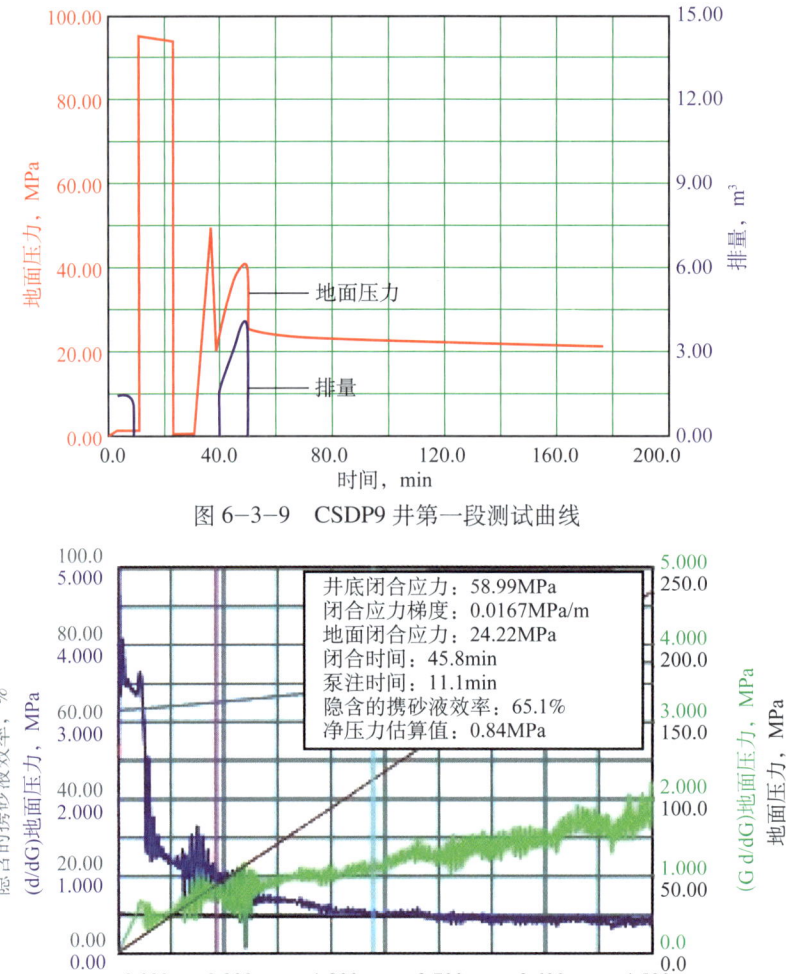

图6-3-9 CSDP9井第一段测试曲线

图6-3-10 CSDP9井第一段测试G-函数曲线

第一段测试阶梯降排量摩阻分析结果表明，储层近井摩阻非常小为1.48MPa，孔眼摩阻3.03MPa，不需要进行降摩阻措施处理。如图6-3-11所示。

通过第一段测试净压力拟合分析，结果表明储层渗透率0.1mD，净压力2MPa左右，非常低，大大降低了因净压力增加造成的施工压力上升。如图6-3-12所示。

2. 主压裂施工情况

CSDP9井裸眼封隔器滑套15段大规模压裂施工，平均每天压裂施工3段，15段压裂累计加入支撑剂1166m³，注入压裂液9559m³，平均砂比21.8%，单级最大加砂量109m³，其中有7段加入支撑剂超过100m³。施工排量4.5～5m³/min，施工压力波动比较大，为42～78MPa，表明储层砂体分布不连续，均质性较差。CSDP9井压裂施工参数见表6-3-4，压裂施工曲线见图6-3-13。

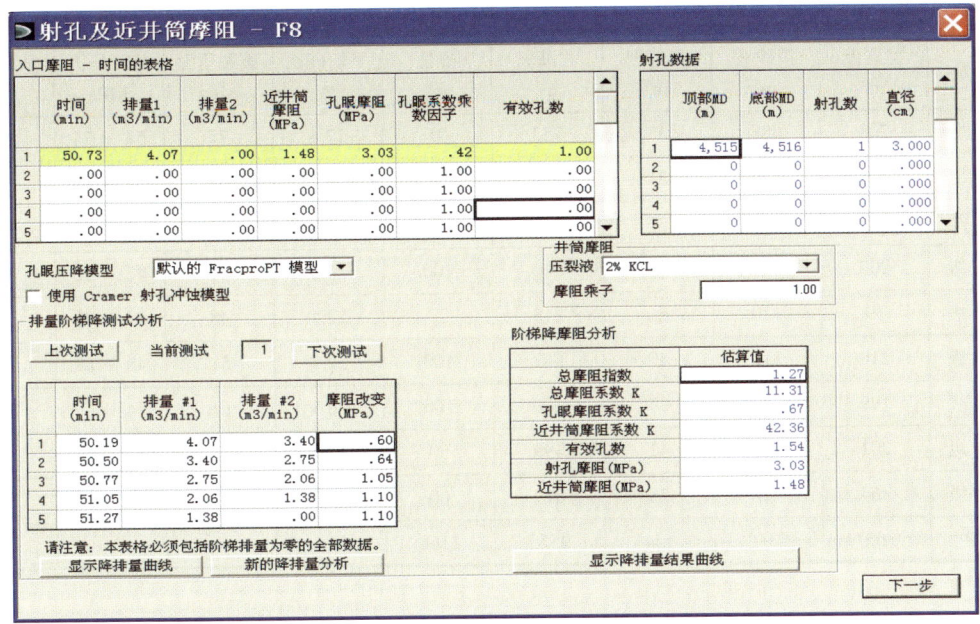

图 6-3-11 CSDP9 井第一段测试阶梯将排量摩阻分析

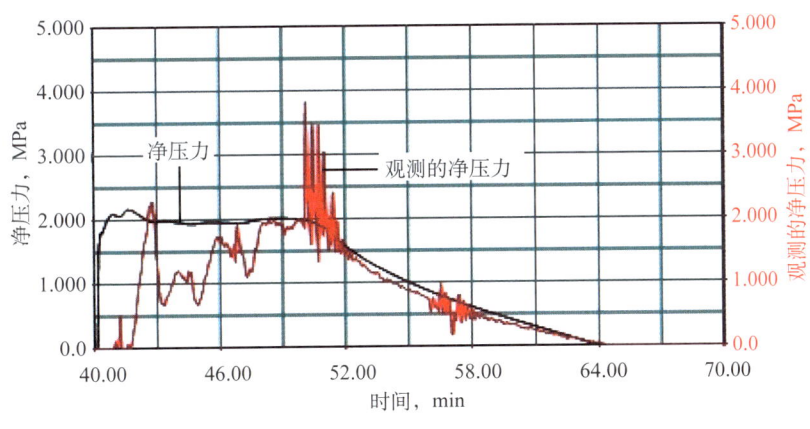

图 6-3-12 CSDP9 井第一段测试净压力拟合曲线

表 6-3-4 CSDP9 井压裂施工参数表

级数	前置液 m³	携砂液 m³	顶替液 m³	总液量 m³	砂量 m³	平均砂比 %	破裂压力 MPa	施工压力 MPa	停泵压力 MPa
第1级	200	477	37	713	109	22.8	48	45～58	37
第2级	250	459	35	744	100	21.8	65	57～66	39
第3级	256	350	39	645	80	22.9	70	52～71	43
第4级	272	117	36	426	15	13.2	64	51～76	49
第5级	234	436	34	704	95	21.8	75	54～78	45
第6级	329	304	32	664	45	14.9	72	64～75	53

续表

级数	前置液 m³	携砂液 m³	顶替液 m³	总液量 m³	砂量 m³	平均砂比 %	破裂压力 MPa	施工压力 MPa	停泵压力 MPa
第7级	208	488	38	733	85	17.4	72	54～74	34
第8级	204	450	31	685	100	22.2	67	52～69	37
第9级	202	372	37	611	100	26.9	64	49～67	33
第10级	200	400	40	640	100	25.0	49	42～50	42
第11级	39	120	60	219	27	22.4	48	44～48	38
第12级	210	312	40	562	100	32.1	51	48～62	53
第13级	199	379	27	606	100	26.4	61	54～67	52
第14级	201	257	41	499	50	19.4	—	41～59	—
第15级	364	427	28	819	60	14.0	—	54～77	37
总量	3657	5348	554	9559	1166	21.8			

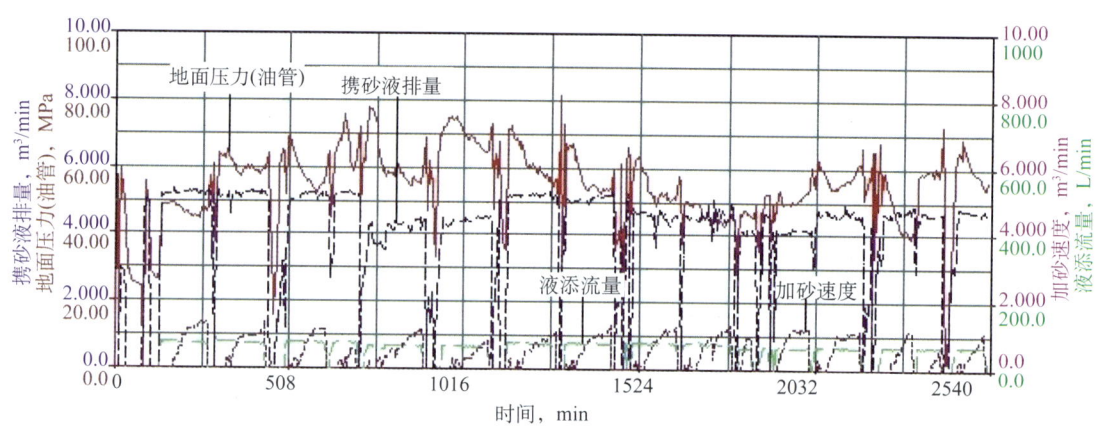

图 6-3-13 CSDP9 井压裂施工曲线

六、裂缝监测及评价

为有效评价 CSDP9 井压裂改造效果，在 CSDP9 井多段压裂施工的同时应用微破裂四维向量扫描裂缝监测技术对前 10 段人工裂缝的扩展方向及几何形态进行监测，指导主压裂施工，确保多段压裂的成功，同时也为今后优化压裂工艺设计提供可靠的依据。

微破裂四维向量扫描裂缝监测技术是通过在近地表布置 3D 三分量检波器阵列观测系统接收地下储层液体流动或压力引起的岩石微破裂产生纵波（P 波）和横波（S 波），利用地震多波属性分析、相干体扫描、三维可视化技术、破裂定位与地震波速度模型反演技术，对储层的流体及裂缝系进行有效监测。应用地像处理系统及辅助软件进行快速数据处理、高度自动化、3D 射线追踪、完整的破裂定位、稳定的反演控制等一系列处理及解释，得到压裂产生裂缝的具体方位及基本三维形态，计算压裂裂缝的缝长、缝高和方位角参数，评估压裂施工效果。

CSDP9 井微破裂四维向量扫描裂缝监测解释结果见表 6-3-5，其成果如图 6-3-14 所示。

表 6-3-5　CSDP9 井压裂裂缝三维形态解释结果

层段	裂缝属性	裂缝全长 m	波及范围	裂缝垂深范围 m	裂缝方位	裂缝特性
1	动态裂缝	244	南北约 120m 东西约 190m	3475～3525	N59°E	裂缝向西南延展形成双边裂缝
2	动态裂缝	173	南北约 100m 东西约 140m	3475～3525	N58°E	井筒附近裂缝缝高比两侧大 10m
3	动态裂缝	396	南北约 90m 东西约 360m	3475～3525	N85°W	由多条近东西方向排列的裂缝系组成
4	动态裂缝	277	南北约 210m 东西约 180m	3475～3525	N38°W	裂缝向东南延展形成双边裂缝
5	动态裂缝	496	南北约 90m 东西约 290m	3475～3525	N90°W	由多条近东西方向排列的裂缝系组成
6	动态裂缝	370	南北约 320m 东西约 190m	3475～3525	N67°E	裂缝向西南延展，但裂缝高度减小为 10m
7	动态裂缝	315	南北约 220m 东西约 230m	3475～3525	N45°E	裂缝向西南延展，裂缝高度增大 10m
8	动态裂缝	254	南北约 110m 东西约 280m	3475～3525	N69°E	双边裂缝
9	动态裂缝	322	南北约 290m 东西约 150m	3475～3515	N27°E	双边裂缝
10	动态裂缝	590	南北约 390m 东西约 450m	3485～3525	N51°E	裂缝向西南延展形成双边裂缝

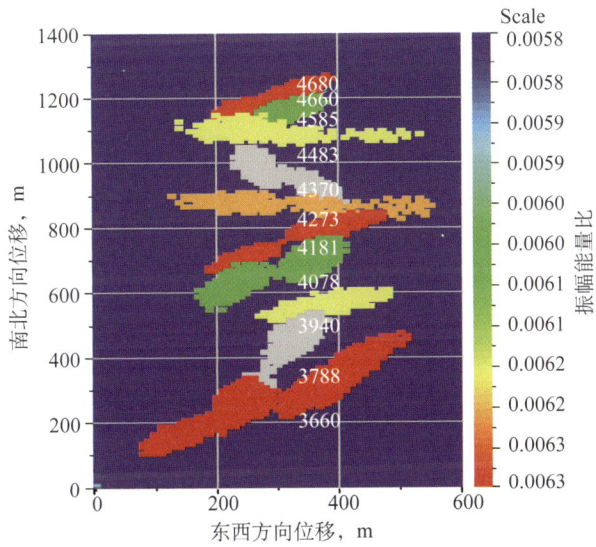

图 6-3-14　CSDP9 井压裂裂缝三维形态解释成果图

通过对CSDP9井进行裂缝监测及解释,对致密砂岩气藏水平井多段压裂裂缝的几何尺寸、方位及扩展情况取得一些认识。监测结果表明:裂缝延伸方向近东西向,与井筒横交;裂缝两翼扩展不对称;每级裂缝并不是完全平行,而是存在倾角。

七、压裂效果

CSDP9井多级压裂施工后,于2011年11月22日采用多级油嘴控制压力和排量排液、测试。截至2012年4月6日,ϕ7.94mm油嘴排液测试,油压16.8MPa,日产气13.17×10^{4}m^3,日产液21.6m^3,累计排液6865.6m^3,返排率71.8%。截至5月12日排液测试结束,ϕ7.94mm油嘴,油压16.1MPa,日产气13.44×10^{4}m^3,日产液8.2m^3。之后进站投产,截至6月14日,该井油压18.6MPa,日产气11.35×10^{4}m^3,日产液11.8m^3。6月15日至7月14日进行不压井作业,下4^1/$_2$in油管完井生产。截至目前,该井油压14MPa,套压16MPa,日产气16×10^{4}m^3,日产液4.5m^3。保持了完井前水平。

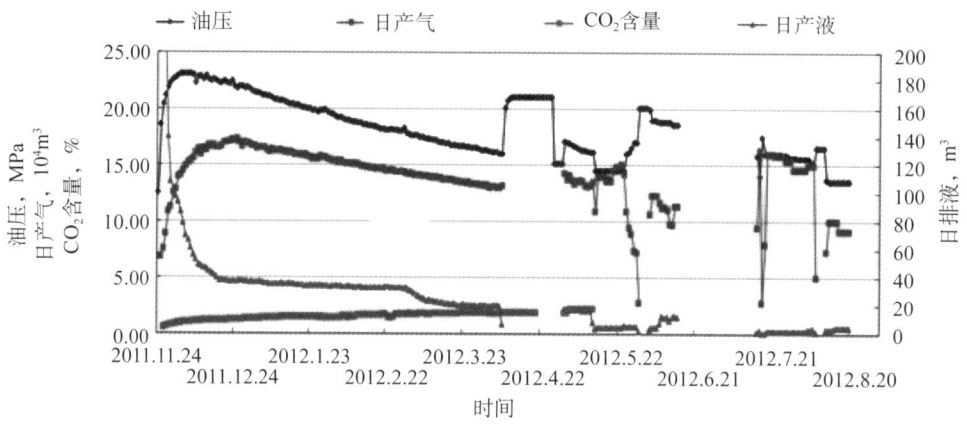

图6-3-15 CSDP9井采气曲线

第四节 实例四:SP36井致密气井水平井裸眼封隔器滑套压裂

一、储层特征

SP36井隶属苏里格气田中区,完钻层位为上古生界二叠系石盒子组盒8$_下^1$,完钻井深4422m,水平段877m,水平段钻遇砂岩640.8m,钻遇率73.1%,解释气层417.9m,含气层200.1m,有效储层钻遇率70.5%。SP36井气层解释结果见表6-4-1,实钻轨迹图如图6-4-1所示。

二、钻完井情况

该井于2009年7月1日开钻,钻遇上古盒8$_下^1$,有效砂体厚度为5.6m;2009年8月3日,于井深3225m处开窗造斜,斜深3545m处成功入靶,靶前距395.46m;2009年9月23日钻至4422m,层位盒8$_下^1$完钻。SP36井钻完井基本数据见表6-4-2。

表 6-4-1 SP36 井气层解释结果

层位	厚度 m	深电阻率 Ω·m	声波时差 μs/m	总孔隙度 %	基质渗透率 mD	含气饱和度 %	解释结果
盒 8 下 1	417.9	148.1	248.6	13.15	3.704	86.92	气层
	200.1	165.7	222.0	7.53	0.342	61.54	含气层

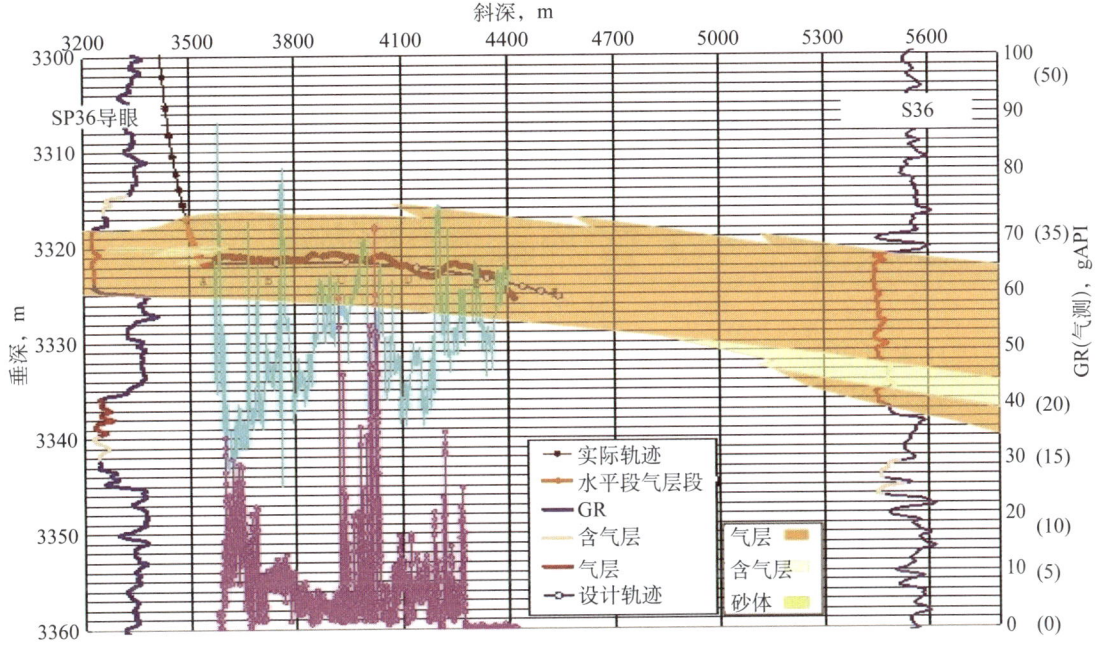

图 6-4-1 SP36 井实钻轨迹图

表 6-4-2 SP36 井钻完井基本数据

井号	SP36	开钻日期	2009.7.1	完钻日期	2009.9.23
完井日期	2009.9.25	完钻层位	SHZ	完钻井深, m	4422
地面海拔, m	1337.81	补心海拔, m	1347.24	气层深度, m	3545~4264
最大井斜 (°)	92.7	井深 m	4422	方位角 (°)	195.7	井底位移 m	1272.22

井深结构	钻头尺寸×深度 mm×m	套管名称	外径 mm	壁厚 mm	钢级	下入深度 m	水泥返深 m	固井质量
	346.10×742	表层套管	273.05	8.89	J55	741.8	井口	合格
	241.30×3575.0	技术套管	177.80	9.19	P100	3552.99	井口	
	152.40×4422	裸眼						

三、分段改造

SP36 井进行裸眼封隔器分段压裂工艺技术改造求产，4 个压裂点如下：4217~

4228m，4008～4018m，3822～3832m 与 3640～3650m（图6-4-2）。

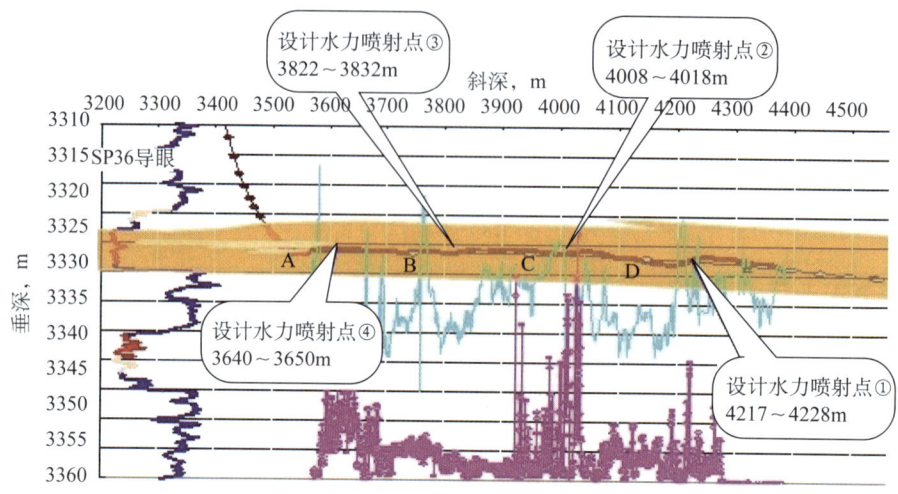

图 6-4-2　SP36 井压裂井段示意图

压裂管柱采用 $2^{7}/_{8}$in（3329m）+$3^{1}/_{2}$in 油管组合。压裂施工管柱具体结构如图 6-4-3 所示。

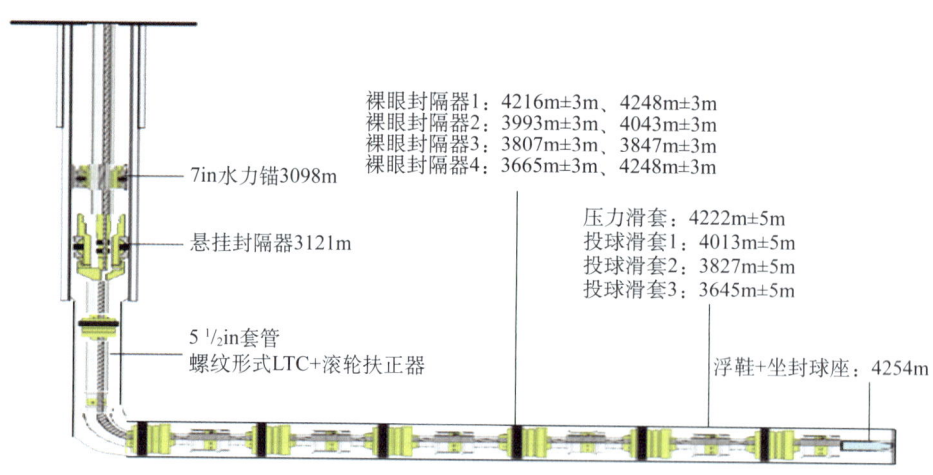

图 6-4-3　SP36 井压裂施工管柱示意图

四、方案施工简况

该井于 2009 年 10 月完成 4 段压裂施工，累计加砂 132.98m³，入地总液量 1002.6m³，伴注液氮 35.0m³，累计排出液量 908.0m³，返排率 90.56%，压后试气无阻流量 101.5×10⁴m³/d。压裂施工参数见表 6-4-3。

五、效果分析

该井于 2009 年 11 月 5 日投产，初期产气量 16.9×10⁴m³/d，达到邻近直井的 5 倍以上（表 6-4-4）。生产两年半后，目前产气量 9.86×10⁴m³/d，套压 13.84MPa，累计产气量 6870.12×10⁴m³/d。

表 6-4-3　SP36 井压裂施工参数表

喷砂滑套 m	破裂压力 MPa	工作压力 MPa	停泵压力 MPa	砂量 m³	砂比 %	排量 m³/min	液氮量 m³
4222±5	68.2	66.1～48.4	25.5	35.86	23	3.5	7
4013±5	58.2	69.1～51.4	—	30.63	23.6	3.5	7
3827±5	57.4	57.4～46.7	—	30.63	22.6	3.5	7
3645±5	不明显	54.6～46.5	26.9	35.86	22.6	3.5	14

表 6-4-4　SP36 井和邻井投产对比表

井号	有效厚度 m	渗透率 mD	孔隙度 %	无阻流量 10⁴m³	套压 MPa	初期气量 10⁴m³	目前套压 MPa	目前产气量 10⁴m³	累计产气量 10⁴m³
邻井1	8.9	0.831	10.2	—	25	2	5.16	3.16	3073.27
邻井2	11.3	0.413	9.01	—	25	1.66	6.76	0.22	670.27
邻井3	11.63	0.294	7.9	—	—	2.5	13.27	1.68	1694.65
邻井4	4.1	0.455	9.5	14.49	24.8	1.65	9.52	1.83	2463.25
邻井5	10	0.244	7.46	12.28	24	2.7	9.36	2.62	2739.66
SP36	气层 417.9 / 含气 200.1	气层 3.704 / 含气 0.342	气层 13.5 / 含气 7.53	101.5	—	14.37	13.84	9.86	6870.12

从 SP36 井投产后的采气曲线（图 6-4-4）可以说明该井压力下降缓慢，日产气量平稳，表现出了良好的增产稳产效果。并且从采气指数和单位压差下累计产气量来看，该井后期的生产能力会较好。

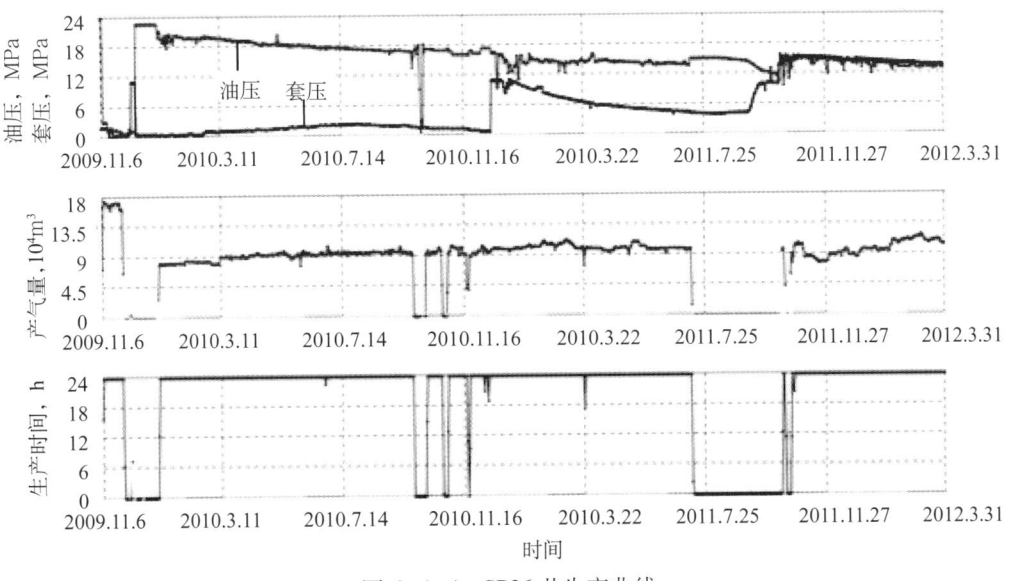

图 6-4-4　SP36 井生产曲线

第五节 实例五：HP3井二开钻井水平井裸眼封隔器滑套压裂

一、HP3井的基本情况

HP3井是H90-1区块qn4段致密砂岩油藏而部署的一口采用多级压裂开发的水平井，目的就是通过裸眼封隔器可开关滑套分压工艺技术进行多级压裂改造，最大限度增加水平井筒与地层的接触面积，提高储层动用程度，提高单井产量，以寻求其经济有效开发模式。

HP3井钻井历时49天，完钻井深3010.87m，水平井段长595m，地层温度92℃。目的层孔隙度10%，渗透率为0.3mD，泥质含量25%。

二、压裂设计情况

1. 工艺选择

依据测井、录井显示，及井眼轨迹、井径变化资料，确定采用12级压裂，采用裸眼封隔器+可开关滑套+5$\frac{1}{2}$in套管的完井方式。为了降低钻井成本，本井采用二开完井，完井压裂管柱结构为：由下到上水平段浮鞋+坐封球座+压差压裂阀+裸眼锚定封隔器+裸眼压裂封隔器+开关式滑套压裂阀+……+裸眼压裂封隔器+5$\frac{1}{2}$in套管直井段+遇油膨胀封隔器+裸眼锚定封隔器+裸眼压裂封隔器+固井阀+5$\frac{1}{2}$in套管到井口，管柱配置情况如图6-5-1所示。

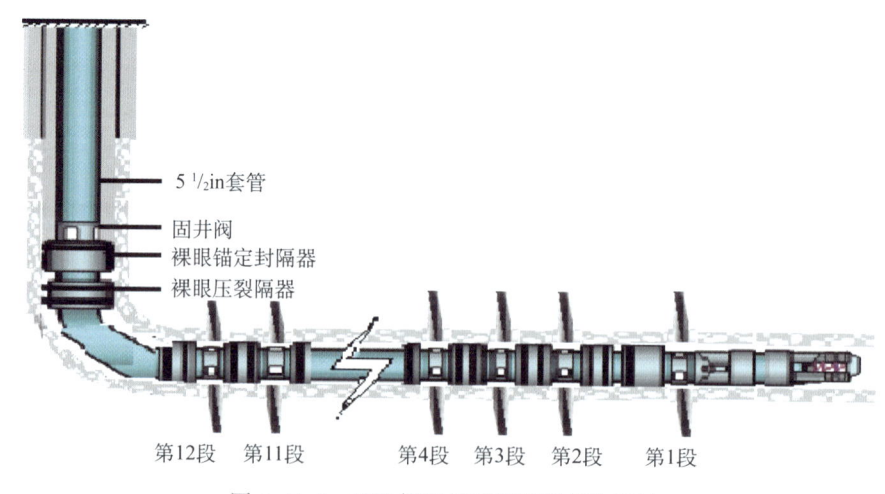

图6-5-1　HP3裸眼封隔器压裂管串设计

2. 压裂规模及裂缝模拟计算

1）裂缝长度优化

根据最大化改造程度和施工能力对最优的裂缝半长进行优化模拟，根据储层物性条件和施工能力，由图6-5-2中优化结果可知HP3井优化合理的半缝长为200~250m。

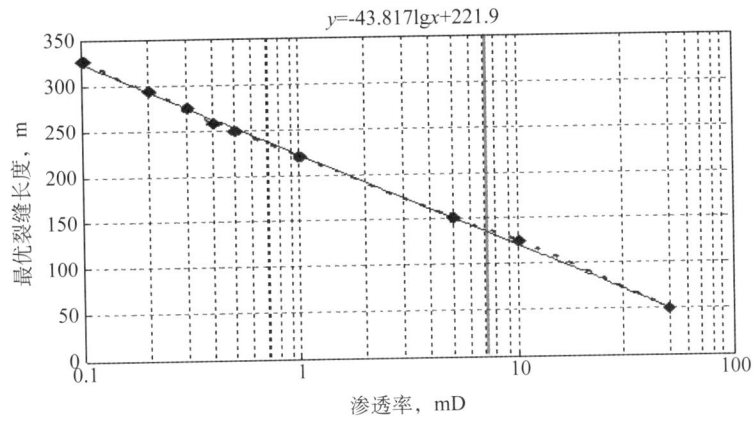

图 6-5-2　HP3 井储层渗透率与最优裂缝半长关系曲线

2）裂缝间距

储层渗透率为 0.3mD，驱动压差为 15MPa，一年之后流体的渗流距离为 28m，确定段间距为 50m，本井水平段长约 595m，适合采取较小的缝间距设计模式，从而达到最大限度提高单井产能的目的。根据本次改造水平段长度和钻遇储层位置情况，本井设计 12 段压裂，裂缝间距 40～50m。不同驱动压差下流体渗流距离随渗透率的关系如图 6-5-3 所示。

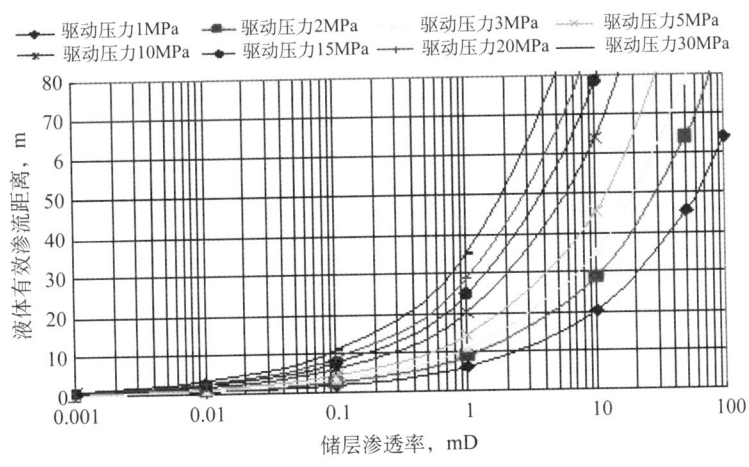

图 6-5-3　不同驱动压差下流体渗流距离随渗透率的关系（HP3 井）

3）裂缝导流能力的优化

依据模拟计算结果，结合施工排量等因素，确定裂缝导流能力为 35～45D·cm，计算模拟结果见表 6-5-1。

表 6-5-1　HP3 井导流能力优选结果表

渗透率, mD	优化缝长, m	缝长参考范围, m	匹配的导流能力, D·cm
0.1	327	300～330	30
0.2	294	280～300	33
0.3	275	250～275	37

续表

渗透率, mD	优化缝长, m	缝长参考范围, m	匹配的导流能力, D·cm
0.4	258	230～260	40
0.5	249	220～250	42
1	220	200～220	46
5	151	150～175	50
10	125	100～125	60
50	50	40～60	90

4）压裂施工参数优化设计

HP3井人工裂缝长度需求为200～250m，优化单级合理施工规模为50～65m³。

压裂参数设计情况：支撑剂总量660m³，压裂液总量4640m³，其中第1至第2段每段加砂60m³，第3至第4段每段加砂55m³，第5至第9段每段加砂50m³，第10段加砂55m³，第11段加砂60m³，第12段加砂65m³，设计施工参数见表6-5-2。

表6-5-2 HP3井压裂施工参数表

压裂参数	1级	2级	3级	4级	5级	6级	7级	8级	9级	10级	11级	12级
压裂液总量, m³	422.8	420.5	387.8	387.2	357.4	356.8	356.2	355.5	355.1	383.5	414.9	442.9
前置液, m³	140.0	140.0	128.0	128.0	118.0	118.0	118.0	118.0	118.0	128.0	140.0	150.0
携砂液, m³	247.9	247.9	228.0	228.0	209.2	209.2	209.2	209.2	209.2	228.0	247.9	266.3
替置液, m³	34.9	32.6	31.8	31.2	30.2	29.6	29.0	28.4	28.0	27.5	27.0	26.6
支撑剂量, m³	60	60	55	55	50	50	50	50	50	55	60	65
砂液比, %	24.2	24.2	24.1	24.1	23.9	23.9	23.9	23.9	23.9	24.1	24.2	24.4
排量, m³/min	4.5	4.5	4.5	4.5	4.5	4.5	4.5	4.5	4.5	4.5	4.5	4.5
半缝长, m	184	184	171.3	171.3	159.4	159.4	159.4	159.4	159.4	171.3	184	192.0
缝高, m	34.6	34.6	32.1	32.1	30.0	30.0	30.0	30.0	30.0	32.1	34.6	35.9
缝宽, mm	4.71	4.71	5.00	5.00	5.23	5.23	5.23	5.23	5.23	5.00	4.71	4.72
铺置浓度, kg/m²	7.23	7.23	6.21	6.21	6.23	6.23	6.23	6.23	6.23	6.21	7.23	7.69

压裂液总量4640.6m³，支撑剂总量660m³。

3. 压裂材料选择

1）压裂液体选择

本区块油层温度90.6℃，压裂液选择羟丙基瓜尔胶压裂液体系，由于储层泥质含量高，在压裂液中加入柴油形成乳化压裂液体系，降低储层伤害。在压裂过程中添加微胶囊破胶剂，同时结合过硫酸铵复配体系，保障压裂液破胶彻底。

2）支撑剂的选择

本区储层闭合压力38MPa，为了保证压裂裂缝的长期导流能力要求，支撑剂选择20～40目52MPa陶粒。

三、压裂实施情况

1. 压裂施工情况

HP3 井于 2011 年 12 月 15—18 日共计 4 天完成 12 段压裂施工，全井加砂 723m³，总液量 4586m³，平均砂比 30.6%，具体施工参数见表 6-5-3，压裂施工曲线如图 6-5-4 所示。

表 6-5-3　HP3 井压裂参数表

级数	前置液 m³	携砂液 m³	后置液 m³	测试及投球液 m³	总液量 m³	砂量 m³	砂比 %
第 1 级	138	218	36	40	432	70	32.1
第 2 级	138	220	35	30	423	70	31.8
第 3 级	166	206	80	30	482	60	29.1
第 4 级	128	183	31	30	372	50	27.3
第 5 级	118	175	31	30	354	50	28.6
第 6 级	115	197	30	30	372	50	25.4
第 7 级	118	181	29	23	351	55.5	30.7
第 8 级	115	186	29	22	352	65.5	35.2
第 9 级	115	189	28	3	335	61	32.3
第 10 级	127	187	28	18.5	360.5	60	32.1
第 11 级	135	195	27	5.5	362.5	60	30.8
第 12 级	140	223	27	0	390	71	31.8
合计	1553	2360	411	262	4586	723	30.6

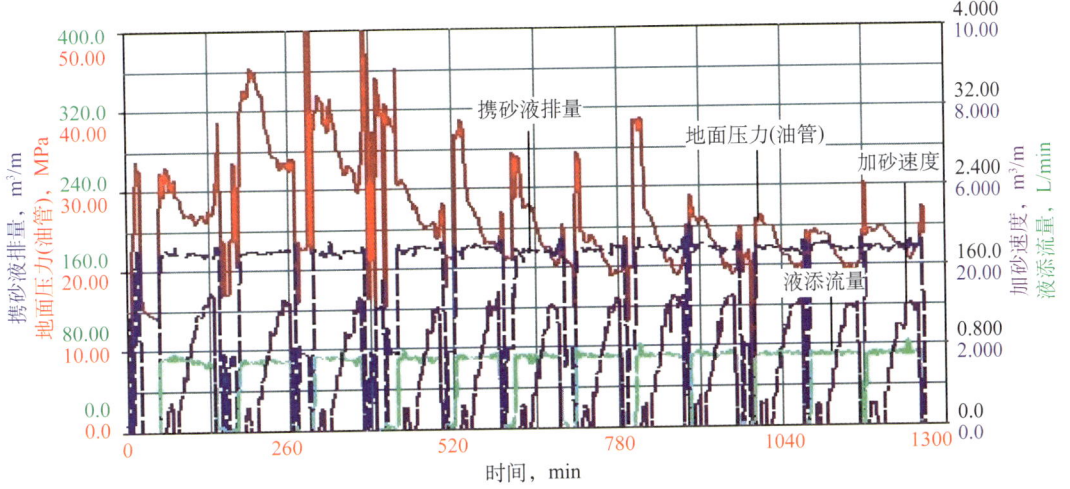

图 6-5-4　HP3 井压裂施工曲线图

2. 投产情况

HP3 井 2012 年 1 月投产,初期产量 20t,目前稳定日产油 12t,为邻近水平井 5 倍,为周边直井的 10 倍。与常规压裂水平井相比,HP3 井产量得到大幅度提升,该井的产能突破,形成了水平井体积压裂技术动用致密油藏的开发理念。HP3 井产量如图 6-5-5 所示,周边直井产量如图 6-5-6 所示。

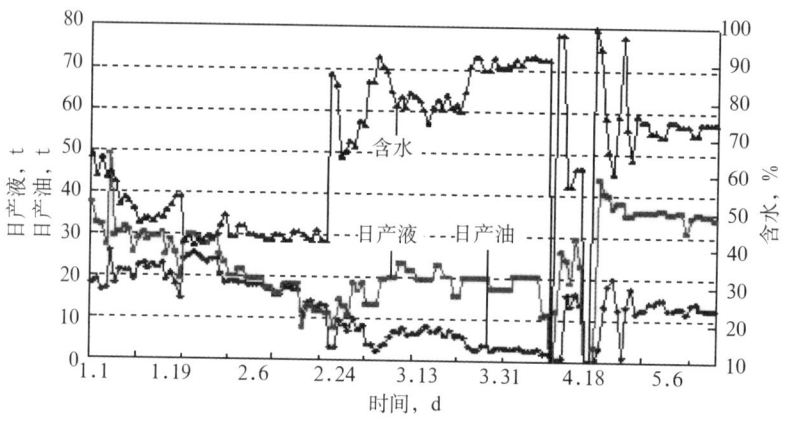

图 6-5-5 HP3 井采油曲线

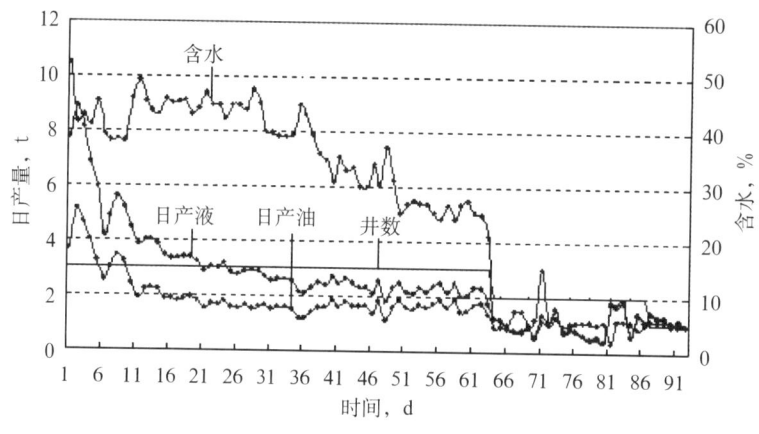

图 6-5-6 HFP3 井周边直井采油曲线

第六节 实例六:DBGP2 井水平井裸眼封隔器滑套 21 段压裂

一、DBGP2 井的基本情况

DBGP2 井是针对大安—红岗阶地 D42 区块致密砂岩油藏油层 G 油层而部署的一口采用多级压裂开发的水平井,目的就是通过裸眼封隔器可开关滑套分压工艺技术进行多级压裂改造,最大限度增加水平井筒与地层的接触面积,提高储层动用程度,提高单井产量,以寻求此类油藏经济有效开发模式。

DBGP2 井钻井历时 53 天,完钻井深 3346m,水平井段长约 919m,地层温度 90℃。

目的层孔隙度 5%～18%，平均为 11.99%，渗透率 0.02～4mD，平均为 0.5mD。

二、压裂设计情况

1. 工艺选择

依据测井、录井显示及井眼轨迹，井径变化资料与水平段长度，确定采用 21 段压裂，采用裸眼封隔器+可开关滑套+4$\frac{1}{2}$in 套管的完井方式，完井压裂管柱结构为：由下到上水平段浮鞋+坐封球座+压差压裂阀+裸眼锚定封隔器+裸眼压裂封隔器+开关式滑套压裂阀+……+裸眼压裂封隔器+4$\frac{1}{2}$in 套管直井段+套管锚定封隔器+4$\frac{1}{2}$in 套管+井口，管柱配置情况如图 6-6-1 所示。

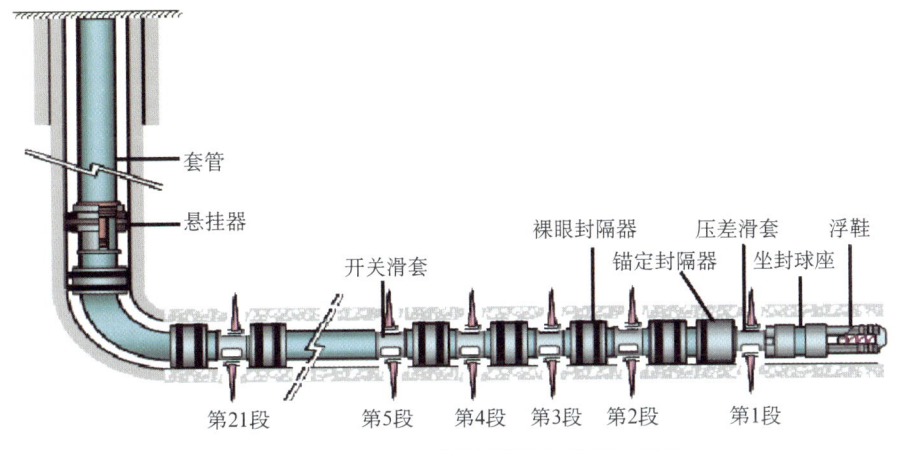

图 6-6-1 DBGP2 裸眼封隔器压裂管串设计

2. 压裂规模及裂缝模拟计算

1）裂缝长度优化

根据最大化改造程度和施工能力对最优的裂缝半长进行优化模拟。根据储层物性条件和施工能力，由图 6-6-2 中优化结果可知 DBGP2 井优化合理的半缝长为 190～210m。

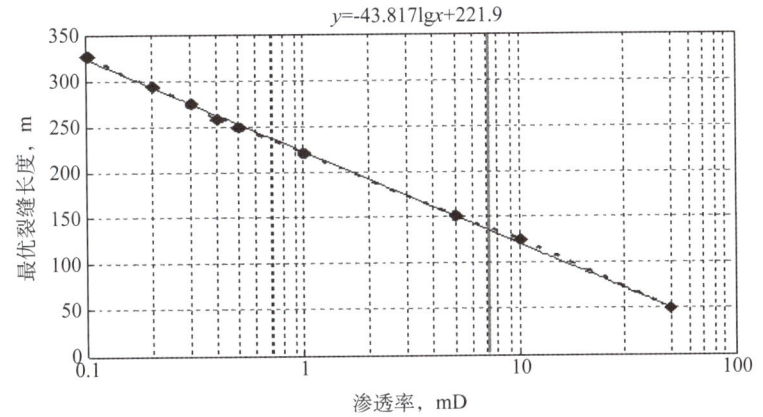

图 6-6-2 DBGP2 井储层渗透率与最优裂缝半长关系曲线

2）裂缝间距

储层渗透率为 0.5mD，驱动压差为 14MPa，一年之后流体的渗流距离为 25m，确定段间距为 45m。本井水平段长约 919m，适合采取较小的缝间距设计模式，从而达到最大限度提高单井产能的目的。根据本次改造水平段长度和钻遇储层位置情况，本井设计 21 段压裂，裂缝间距 40～50m。不同驱动压差下流体渗流距离随渗透率的关系如图 6-6-3 所示。

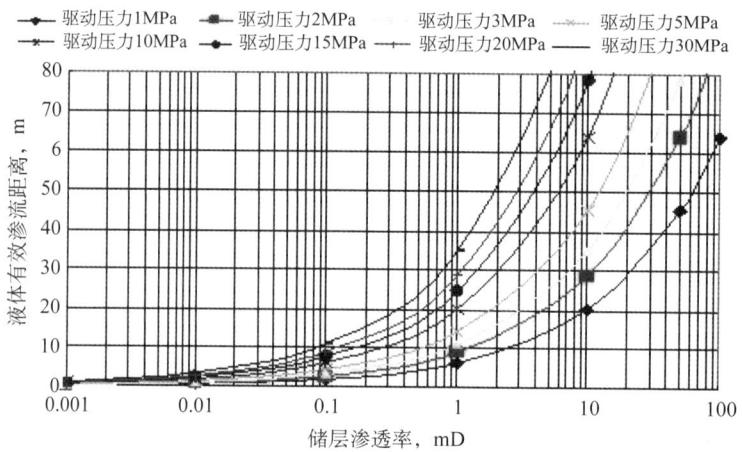

图 6-6-3 不同驱动压差下流体渗流距离随渗透率的关系（DBGP2 井）

3）裂缝导流能力的优化

依据模拟计算结果，结合施工排量等因素，确定裂缝导流能力 46～50D·cm，计算模拟结果见表 6-6-1。

表 6-6-1 导流能力优选结果表

渗透率，mD	优化缝长，m	缝长参考范围，m	匹配的导流能力，D·cm
0.1	327	300～330	30
0.2	294	280～300	33
0.3	275	250～275	37
0.4	258	230～260	40
0.5	249	220～250	42
1	220	200～220	46
5	151	150～175	50
10	125	100～125	60
50	50	4～60	90

4）压裂施工参数优化设计

DBGP2 井人工裂缝长度需求为 190～210m，优化单级合理施工规模为 50～60m³。

压裂参数设计情况：支撑剂总量 1070m³，压裂液总量 13487.8m³，其中第 1～2 级每级加砂 60m³，第 3～20 级每级加砂 50m³，设计施工参数见表 6-6-2。

表6-6-2 DBGP2井1～7级压裂施工参数表

压裂参数	第1级	第2级	第3级	第4级	第5级	第6级	第7级
压裂液总量，m^3	702.5	639.7	639.7	638.7	638.7	637.7	637.7
前置液，m^3	225	203	203	203	203	203	203
携砂液，m^3	417.5	376.7	376.7	376.7	376.7	376.7	376.7
替置液，m^3	47.5	47	46.5	45.5	44.5	44.5	43.5
40～70目陶粒，m^3	17	15	15	15	15	15	15
30～50目陶粒，m^3	17	15	15	15	15	15	15
20～40目陶粒，m^3	26	20	20	20	20	20	20
砂液比，%	14.4	13.3	13.3	13.3	13.3	13.3	13.3
排量，m^3/min	5	5	5	5	5	5	5
半缝长，m	210.5	191.6	191.6	191.6	191.6	191.6	191.6
缝高，m	28.3	26	26	26	26	26	26
缝宽，mm	4.62	5.52	5.52	5.52	5.52	5.52	5.52
铺置浓度，kg/m^2	6.39	6.08	6.08	6.08	6.08	6.08	6.08
压裂参数	第8级	第9级	第10级	第11级	第12级	第13级	第14级
压裂液总量，m^3	637.7	636.7	636.7	636.7	635.7	635.7	635.7
前置液，m^3	203	203	203	203	203	203	203
携砂液，m^3	376.7	376.7	376.7	376.7	376.7	376.7	376.7
替置液，m^3	43.5	42.5	42.5	41.5	56	56	56
40～70目陶粒，m^3	15	15	15	15	15	15	15
30～50目陶粒，m^3	15	15	15	15	15	15	15
20～40目陶粒，m^3	20	20	20	20	20	20	20
砂液比，%	13.3	13.3	13.3	13.3	13.3	13.3	13.3
排量，m^3/min	5	5	5	5	5	5	5
半缝长，m	191.6	191.6	191.6	191.6	191.6	191.6	191.6
缝高，m	26	26	26	26	26	26	26
缝宽，mm	5.52	5.52	5.52	5.52	5.52	5.52	5.52
铺置浓度，kg/m^2	6.08	6.08	6.08	6.08	6.08	6.08	6.08
压裂参数	第15级	第16级	第17级	第18级	第19级	第20级	第21级
压裂液总量，m^3	634.7	634.7	633.7	633.7	633.7	632.7	695.5
前置液，m^3	203	203	203	203	203	203	225
携砂液，m^3	376.7	376.7	376.7	376.7	376.7	376.7	417.5
替置液，m^3	55	55	54	54	54	53	53

续表

压裂参数	第15级	第16级	第17级	第18级	第19级	第20级	第21级
40~70目陶粒，m³	15	15	15	15	15	15	17
30~50目陶粒，m³	15	15	15	15	15	15	17
20~40目陶粒，m³	20	20	20	20	20	20	26
砂液比，%	13.3	13.3	13.3	13.3	13.3	13.3	14.4
排量，m³/min	5	5	5	5	5	5	5
半缝长，m	191.6	191.6	191.6	191.6	191.6	191.6	210.5
缝高，m	26	26	26	26	26	26	28.3
缝宽，mm	5.52	5.52	5.52	5.52	5.52	5.52	4.62
铺置浓度，kg/m²	6.08	6.08	6.08	6.08	6.08	6.08	6.39

3. 压裂材料选择

1）压裂液选择

本井油层温度90℃，压裂液选择羧甲基压裂液体系；由于储层泥质含量高，在前置液中加入柴油形成乳化压裂液，以降低储层伤害程度。压裂施工过程添加微胶囊破胶剂，同时结合过硫酸铵复配体系，保障压裂液破胶彻底。

2）支撑剂选择

本区地层闭合压力36MPa，同时G层加砂难度大，支撑剂选择20~40目、30~50目和40~70目等三种类型52MPa陶粒，实现裂缝组合支撑。

三、压裂实施情况

1. 压裂施工情况

DBGP2井于2012年8月18—24日共计7天完成21段压裂施工，全井加砂1015m³，总液量9970m³，平均砂比19.6%。具体施工参数见表6-6-5，压裂施工曲线如图6-6-3所示。

表6-6-3　DBGP2井压裂施工参数表

井段	排量 m³/min	前置液 m³	携砂液 m³	替置液 m³	送球液 m³	总液量 m³	施工压力 MPa	砂量 m³	砂比 %
第1段	5	160	304	54	0	518	50~59	55.4	18.2
第2段	5	174	226	54	5	459	41~60	37	16.3
第3段	5	355	0	54	30	439	53~63	3	0
第4段	5	264	221	54	57	596	43~47	50	22.6
第5段	5	130	248	52	7.5	437.5	43~47	50	20.2
第6段	5	110	241	51	7	409	39~42	50	20.7
第7段	5	109	246	51	12.4	418.4	38~43	50	20.3
第8段	5	125	232	50	5.6	412.6	39~46	45	19.4

续表

井段	排量 m³/min	前置液 m³	携砂液 m³	替置液 m³	送球液 m³	总液量 m³	施工压力 MPa	砂量 m³	砂比 %
第9段	5	177	339	50	22.8	588.8	45～62	20	5.9
第10段	5	166	313.8	50	47	576.8	43.6～58	30	9.6
第11段	5	106	297	50	4	457	43～55.4	45	15.2
第12段	5	111	260	50	32	453	45～50	50	19.2
第13段	5	100	237	50	44	431	48～42	50	21.1
第14段	5	113	230	52	26	421	40～46	50	21.7
第15段	5	117	230	50	21	418	40～46	50	21.7
第16段	5	131	229	50	16	426	42～44	50	21.8
第17段	5	100	215	50	40	405	41～45	50	23.3
第18段	5	110	225	50	10	395	42～45	54	24
第19段	5	137	293	50	11	491	41～48	75	25.6
第20段	5	112	316	50	37	515	42～50	80	25.3
第21段	5	273	380	50		703	40～50	71	25.1

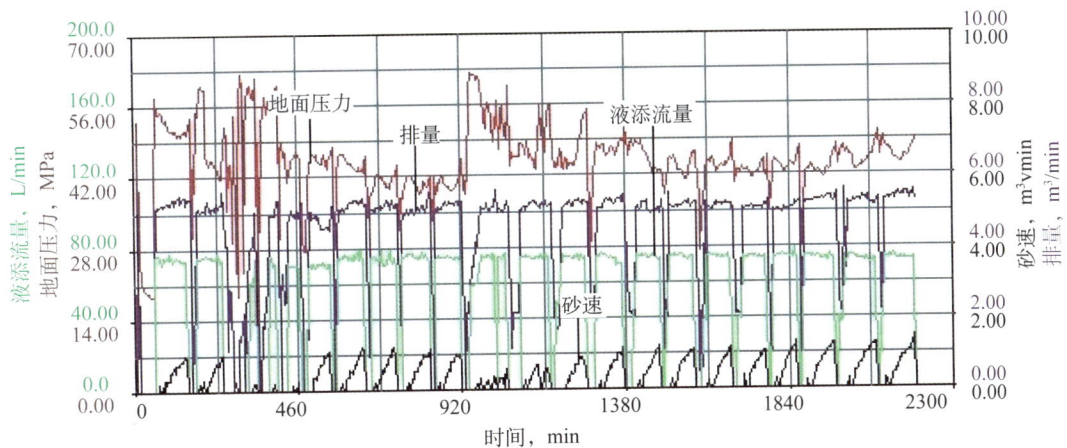

图 6-6-4 DBGP2 井压裂施工曲线图

参 考 文 献

[1] 陈勉,陈治喜,黄荣樽.大斜度井水应裂缝起裂研究.石油大学学报:自然科学版,1995,19(2):30-35.

[2] 黄荣樽.水力压裂裂缝的起裂和扩展.石油勘探与开发,1981(5).

[3] 李福文,叶勤友,许建国,等.吉林油田水平井合理射孔段长度确定.钻采工艺,2008,31(3):73-74,83.

[4] 马新仿,樊凤玲,张守良.低渗气藏水平井压裂裂缝参数优化.天然气工业,2005,25(9):61-63.

[5] 谢建华,赵恩远,李平,等.大庆油田水平井多段压裂技术.石油钻采工艺,1998,20(4):72-75.

[6] 许建国,董华,叶勤友.压裂水平井连续油管井温法裂缝诊断技术与现场应用.油气井测试,2008,17(1):37-39.

[7] 许建国,王峰,刘长宇,等.水平井滑套分压工艺技术及现场应用.钻采工艺,2008(S1):54-56.

[8] 曾凡辉,郭建春,徐严波,等.压裂水平井产能影响因素.石油勘探与开发,2007,34(4):474-477.

[9] 张广清,陈勉,殷有泉,等.射孔对地层破裂压力的影响研究.岩石力学与工程学报,2003,22(1):40-44.

[10] 张怀文,张继春,胡新玉.水平井压裂工艺技术综述.新疆石油科技,2005,15(4):30-33.

[11] Thomson D W.一种经济的完井装置的设计与安装——用于白垩地层水平井的多层酸化压裂处理.田红,等译.国外油田工程,1999(4):30-34.

[12] Hossain M M, Rahman M K, Rahman S S. A comprehensive monograph for hydraulic fracture initiation from deviated well bores under arbitrary stress regimes. SPE 54360, 2000.

[13] Kamphuis H, Aretx R, Nitters G. Multiple fracture stimulations in horizontal open-hole wells—the example of well boetersen Z9. SPE 50609, 1998.

[14] Liu X, Xu Y G, Zhao Z F, et al. Application of microseismic mapping and modeling analysis to understand hydraulic fracture growth behavior. SPE 98219, 2006.

[15] Ottmar Hotch, Marty Stromquist. Multiple precision hydraulic fractures of low-permeability horizontal open hole sandstone wells. SPE 84163, 2003.